獵頭解密

晉麗明 著

企業×上班族×獵才顧問，
人力銀行獵才專家教你跳脫傳統求才／求職思維的
10大實戰密技

目 錄 CONTENTS

Part 3 被獵者篇

Part 4 展望篇

推薦序

人才與企業間搭橋鋪路的關鍵角色

楊基寬

根據104人力銀行2023年人資F.B.I報告*的數據分析顯示，企業人才平均招募天數，從2021年的45.5天拉長到2022年的47.7天，而主管職的平均招募天數更達到61.6天。

在高齡少子化的趨勢下，這樣的數據，可能讓需才孔亟的企業經營者及人資招募人員感到憂心！

企業運用多元管道募集人才，成為必要的手段。從人資F.B.I的分析資料中發現，企業使用網路徵才廣告獲取應徵者履歷的滿意度達到53.7%，人才的符合度為57.9%。而委託獵才顧問招聘得到履歷的滿意度為43.2%，但人才條件符合度高達66%。

人才稀缺、企業互搶才的人才市場，專業獵才顧問運用人脈網絡及精準的識人能力，能為企業延攬具備即戰力的優秀主管與專業人才。

---

* 104人力銀行連續12年透過人資調查研究，提供台灣人力資源管理趨勢資訊，包含人資關鍵作業（Function）、預算（Budget），與關鍵指標（Indicator）等三大主題，簡稱F.B.I報告。

蘋果創辦人史蒂夫・賈伯斯（Steve Jobs）曾說：「與優秀的人一起工作，是實現偉大事業最重要的一步」、維珍集團創辦人理查・布蘭森（Richard Branson）強調人才的重要性：「如果你把最好的人才招聘到你的公司，你就完成了一半的工作！」

獵才顧問長期經營高端頂尖人才，在競爭劇烈的招聘市場中，扮演人才與企業搭橋鋪路的關鍵角色。同時，也是主管及專業人才在確保效率與保密的前提下，傾向使用的轉職方式。

104資訊科技集團除了網路招聘及實體的獵才服務之外，也致力雇主品牌及儲備人才的新商模，以解決企業人才不足的問題；同時運用演算法及AI等新科技，協助企業精準招募人才，也讓求職者找到一展所長的舞台。

本書作者在104服務達17年，負責帶領獵才顧問團隊。Jason晉麗明將工作的心得與經驗撰寫成書，與大家分享獵才的商模與案例。

欣見本書的出版，也推薦對人力資源與招募有興趣的企業主及準備更上層樓、挑戰高薪的上班族朋友閱讀，汲取獵才招聘的知識與技能，並致力成為職場高含金量的卓越人才！

（本文作者為104資訊科技集團創辦人。）

推薦序

國內第一本全方位解構獵頭的佳作

蘇宏文

112年6月，台灣掀起一陣黃仁勳旋風。這位身價逾兆的創業家，在台灣大學111學年度畢業典禮上，勉勵畢業學子「Run, Don't Walk.」，這句話實在發人深省，印證了我們正處於一個技術發展與商業模式快速變遷的新時代，機會稍縱即逝。

反觀企業所需延攬的人才又何嘗不是如此呢？企業趕快跑起來吧！搶人大戰早已如火如荼地在全世界各企業間競逐開來了！缺了人才，尤其是將才，企業談何實力與競爭力呢？

老闆們應該不會反對，你所需要的中高階管理人才或關鍵人才，在職場上實在難尋。你或許會問，這群被動求職且含金量高的人才，到底在哪裡？如何接觸他們？在需才孔亟的現實情形下，使用「獵頭」(Headhunter)客製化顧問服務，助你完成不可能的任務，是否更值得一試呢？

本書作者晉麗明與我在104共事超過17年，不僅是夥伴，也是益友。作者無論是在獵才招聘事業群主管職務或元智、東吳大學兼任教學上，均維持數十年如一日的研究精神，時刻保持著敏銳的洞察力，透過不間斷的寫作與演講，將其長年累積的職場觀察及獵頭實務經驗，無私地分享給企業和上班族，足為表率。

《獵頭解密》一書即是作者在此動力驅使下，籌備經年的嘔心瀝血之作，堪稱國內第一本以獵頭為主題的著述。本書以完整的體系架構，細緻地解說了獵頭行業的商業模式、價值理念、服務流程、作業心法、箇中甘苦，取材豐富實用，章節分類明晰，內容淺顯易讀，是有志於從事獵頭顧問者的教科書，也是有心成為被獵者的上班族參考書，更是企業使用獵頭服務的入門書。本書提供不同受眾得以輕易地掌握每部內容的精髓，這絕對是一本值得你我閱讀的好書，爰樂於大力推薦並為之序。

（本文作者為104資訊科技集團董事暨法務長。）

自序

人才是爭來的，不是等來的

人才造就了台灣經濟奇蹟

台灣在經濟發展的過程中，優質的教育制度與卓越的人力資源，讓這個沒有天然資源的小島，成為備受世界矚目的經濟重鎮，所有人都會同意，是人才創造了台灣奇蹟。

2021年12月，半導體教父張忠謀在面對英特爾（Intel）執行長基辛格（Pat Gelsinger）的批評與評論時，除了闡述台積電超越英特爾的事實之外，也特別強調台灣的優勢是「人才」。台灣擁有大量優秀的工程師、技工、作業員，即使美國及世界各國給予許多資源與補貼，但張忠謀認為半導體產業留在台灣，仍然具有長期的優勢。

台灣從傳統製造業到科技業，甚至民生消費服務業，許多企業都在世界經濟舞台上占有一席之地，「人才」是最重要的關鍵因素。

擁有人才，就擁有一切

企業經營者或是領導團隊的主管，每天魂縈夢牽、牽腸掛肚的議題，除了市場狀況、營運績效之外，「人才」絕對是最重要的選項。看看報章媒體報導企業發跡、成長茁壯的經營故事，從比爾蓋茲、賈伯斯、巴菲特、馬斯克，到東方社會的李嘉誠、張忠謀、郭台銘、蔡明介、馬雲、雷軍等知名企業的大老闆，甚至廣大的中小企業與秉持「車庫創業」精神的新創公司，大家都處心積慮的延攬人才。因為「擁有人才，就擁有一切」，人才是企業成功因素中最重要的「關鍵拼圖」。

2022年9月，全世界都籠罩在半導體晶片庫存過盛的陰霾中、投資機構紛紛看衰台積電的營運，但是台灣的護國神山，仍然超前布署，祭出報到獎金及年底發出錄取通知的攬才策略，提前出手搶奪2023年的碩博士畢業生。

我見過的成功企業，都不是老闆神通廣大、螳臂當車、以一當十；而是能夠網羅一群卓越的人才，肝膽相照、兢兢業業的攜手打拚，靠著「打群架」的經營理念，才能夠胼手胝足、一步一腳印的創造組織的格局與契機。

深耕人才，首重經營理念

不容否認，台灣多數企業，仍將人力視為成本，真正重視人力資源發展的公司是少數，這也是薪資負成長、上班族低薪及人員流動率居高不下的重要原因。

我們探討成功經營者對於人才的重視程度，就能夠檢視企業組織是否真正落實人才的維護與經營。

甫於2018年退休的半導體教父張忠謀董事長，對於人才的儲備與培養不遺餘力。2009年全世界都籠罩在金融海嘯的危機中，企業前景撲朔迷離，求才市場更是門可羅雀，但是台積電仍然維持既定的步調，持續招募300位工程師，絲毫未受景氣的影響。

那時候，我帶領的團隊負責台積電的工程師專案招募作業，連續幾個周末都在新竹台積電八廠，安排工程師的面談及甄選事宜。

當時，媒體記者看到招募工程師的情景，問台積電：「是否觀測到產業的春燕到來？」台積電的回覆是：「連隻麻雀都沒見到影子。」

持續引進人才，不受外部環境的影響，是台積電成為護國神山的重要關鍵。

張忠謀認為，在「新經濟時代」，人才將隨科技發展，而增加流動性。要經營人才、避免人才流失，必須做到兩件事：「第一，形塑鼓勵創新的組織氣氛；第二，讓員工在工作中得到不錯的收益。」

成功企業家在人才經營上，都有一致的共識。對於創造組織與人才的共同價值與發展，他們劍及履及、徹底奉行。

香港首富李嘉誠先生，成功經營長江實業集團，他分享留才的祕訣：「給他好的待遇、給他好的前途。」

享譽全球的中式餐廳鼎泰豐，素以嚴謹精緻的美食與服務精神著稱，創辦人楊紀華透露，讓員工有成就感，才是成功的關鍵，「公司能提供好的福利，才會激勵員工提供優秀的服務。」

阿里巴巴的創辦人馬雲先生更直接點出，人才留不住的原因林林總總，但只有兩點最真實：「錢，沒給到位；心，委屈了」，他提出留才必須給員工四個機會，分別是：「做事、賺錢、成長與發展。」

經營人才不能淪為口號，因為員工的眼睛是雪亮的，經營者是否真心照顧員工，會具體展現在員工向心力及團隊的績效上。

翻轉時代的新科技、新商模，正鋪天蓋地的席捲全世界，每位企業經營者共同的困擾與壓力是：「有滿腹的創意與想法，但是，缺乏擁有專業知識與技能的人才來實現理想。」

找不到人才，是企業主與人資最大的挑戰，尤其是在這個「人才極度稀缺」的時代，要贏得商機，人才決定勝負。

前言

你的職涯發展，獵才顧問不缺席

22歲步出校園的職場新鮮人，依法定退休年齡65歲來計算，需在職場打拚43年。若考量「高齡少子化」現象及個人經濟因素，延長工作時間到70歲，已成為世界各國公認的未來趨勢。

漫長的職涯旅途，轉換工作成為必須面對的過程與挑戰。上班族除了善用謀職常用的人力銀行平台，主動搜尋工作機會、投遞履歷之外，具備「職涯經紀人」屬性、保密個人資訊的獵才模式，成為所有職場工作者最歡迎與肯定的轉職服務。

每次與上班族朋友分享「職場趨勢」「職涯發展」及「上班族競爭力」的主題時，與會學員最感興趣的議題就是：「如何與獵才顧問合作轉職？」「怎樣才能讓獵才顧問找上自己？」「獵才顧問發掘什麼樣的人才？」

轉職頻仍的時代，從中高階主管到年輕世代，都高度關注獵才顧問的服務。擔任主管職的上班族只要有轉換跑道的念頭，同儕、朋友第一時間的反應與建議就是，找獵才顧問幫忙。

企業網羅中高階人才，已從被動等待，轉為主動出擊。尤其，獵才商模以客製化服務，發掘高含金量的「被動求職者」為宗旨，更讓「求才若渴」的企業經營者趨之若鶩。

因此，銜命為企業引薦人才、滿手急徵職缺的獵才顧問，絕對是中高階主管求職、轉職的好幫手。

你以為獵才顧問是專屬主管人才的服務嗎？大家可能要改變既定的印象與想法。

近年來，很多優秀、自信的應屆畢業生已藉由獵才顧問的協助，進入高科技公司、外商企業及積極培訓年輕戰力的新創組織。

「用人惟才」是企業與獵才商模的共同目標。獵才顧問就像星探及球探一樣，隨時張大眼睛，搜尋高績效及高潛力人才，不論是資深專業主管、青壯中階幹部，或是初出茅廬的社會新鮮人，都有機會成為獵才顧問獵取的對象。

只要企業提出人才的需求與條件，具備快速精準、使命必達精神的獵才顧問，就會使出渾身解數、用盡洪荒之力，從茫茫人海中辨識符合人選，為企業與人才搭起合作的橋梁。

誰是你的職涯經紀人？

專業分工的時代，上班族想要加薪、離職都有經紀人提供諮詢及代理服務。而協助轉換職場跑道的獵才服務，更是所有上班族引頸期盼的重要選項。

根據Linkedin的調查顯示，76%的招聘經理承認，吸引合適的求職者是他們面臨最大的挑戰。由於卓越主管及關鍵人才難覓，所以，中高階主管及研發、業務、行銷、財會、人資及製造的專業人才，都是企業委託獵才顧問，主動出擊延攬的對象。

如果你擁有專業知識與技能、工作績效卓著，趕快尋找專屬的職涯顧問，為開創嶄新舞台，做好準備。

生成式AI讓獵才顧問如虎添翼

在數位化及AI的浪潮下，例行與重複性的工作將被科技工具取代。以顧問為核心的獵才服務也將邁入嶄新的境界。職缺演算、人才精準搜尋，甚至跨界媒合，都將以大數據及雲端運算開啟獵才服務的新里程。

數據為王及擬人思考的生成式人工智慧，將扮演資訊串接及辨識人才的要角，有了新興科技的加持，傳統以人力運作的獵才顧問將會化身變形金鋼，加大、加速企業人才延攬的服務，尤其大數據演算衍生的預測機制，將大幅提昇獵才成功的機率與企業用人的想像空間。

創造成功的故事，獵才顧問是你的職場貴人

科技奇才蘋果企業創辦人賈伯斯說：「一生只要兩天就夠了，用『最後一天』的心情去選擇下一步，將更有方向；用『第一天』的態度去做每一件事，我們更有活力、更能成功。」

上班族朋友秉持「活在當下」「把工作做完美」的精神，在工作崗位中鍛練好身手、成就卓越績效，獵才顧問會協助你尋求有競爭力的機會與舞台。

你的職涯發展，獵才顧問不缺席

誰不想坐在家中看電視，就有獵才顧問隨時回饋職場訊息及提供工作機會；尤其，還都是年薪百萬以上的高薪職缺。

獵才行業的蓬勃發展，突顯了兩個重點。第一，企業缺才現象嚴峻；第二，上班族傾向由顧問協助轉職的趨勢持續發酵。104獵才顧問中心調查發現，有逾90%的中高階主管有意與獵才顧問合作轉換跑道，更有七成的高端人才曾與獵才顧問接觸。

在變化與動盪的職涯洪流中，每位上班族都想「鯉魚躍龍門」、登上成功的光明頂。獵才顧問將助你一臂之力，讓你不斷攀登高峰，成就非凡職涯。

人人都有職涯經紀人的時代來臨了！你的職涯發展，獵才顧問不會缺席。

Part Ⅰ

獵場篇

CHAPTER

1 人才稀缺時代，企業的困境與挑戰

1-1 有一種難解的苦，叫做「為人才所苦」

一位縱橫商場40年的上市公司總經理坦言，他與企業創辦人天天都為「人才議題」所苦！

這位年過60歲的沙場老將，闡述為「人才所苦」的內涵。

千軍易取，一將難求

企業在成長的過程中，每個階段的挑戰都不同，因應公司發展的時空背景，找進來的人才，只有極少數能夠跟上組織步伐，而擔當主管的重任。大多數人會落入「彼得原理」的情境中，待在自己能力的盡頭，無法再向上升遷。

此外，更多的人才會因為各種原因離開企業，這樣周而復始的循環，讓企業時時處在「人才不足」的困境中！

招募面談是一場爾虞我詐的戲碼

即使企業為了消弭上述現象而積極延攬人才，但是，另一個企業招募的問題又會油然而生，那就是招募盲點及工作期望的認知差距！

公司招募、面談的過程中，充滿了不確定性，導致用人失敗的機率大增。譬如，企業人資或用人主管詮釋工作內涵及績效的要求不夠精確，或是應聘人選，為了爭取工作機會，而誇大自己的能力與承責的意願。最後因為認知差異、溝通不良，走上「不歡而散、兩敗俱傷」的結局！

「能做」「願意做」建構在價值觀的共識上

人才與企業分道揚鑣，經常是「價值觀」與「共識」的基礎，出現了破口。

無論是組織內部昇遷的主管或是空降人才，都會在這個致命關卡上中箭落馬，造成企業人才的折損！

包容、同理、良性溝通是凝聚人才與組織的黏著劑！

不論是經營者、主管或是員工，如果不能隨著環境變化的節奏來調整思維與態度，彼此之間，往往會產生「愈行愈遠」的疏離感，這樣的組織氛圍會影響互信，也會侵蝕團隊氛圍與向心力！

每位老闆及主管時刻都在「為人才所苦」。不論是找不到符合期望的千里馬，或是無法有效留任人才，都是極度燒腦的經營難題。

獵才商模的顧問招聘模式，能夠有效解決這樣的問題，值得企業與人選善加運用。

1-2 「人才愈來愈難找」的10個原因

企業主及人資人員很苦惱，因為在組織營運及發展的過程中，始終無法順利補足人力，從科技業到服務業、由基層人員到中高階主管，都面臨人力不足的窘境，為什麼人才愈來愈難找，台灣人才出現了哪些供需失衡的缺口？有以下幾個觀察，與讀者分享。

台灣人口紅利盡失，企業面臨無才可用的窘境

國發會公布的人口推估調查報告，2020年台灣人口進入負成長，同時2025年將正式進入超高齡社會，65歲以上的老人占人口的20%。到了2034年，台灣將有一半的人口年齡超過50歲。

人口老化是不可逆的現象，而台灣的結婚及出生率卻每況愈下。2021年每個月都是生不如死（出生數低於死亡數），2021年全年的出生數為153,820人，較2020年銳減11,429人，據美國中情局（CIA）的全球生育率預測報告，台灣的生育率名列全球最後一名。

再看看「少子化」對於人才培育及就業人口的衝擊與影響。

2022年的大學入學年齡人口為21.7萬人，到了2040年只剩下15.6萬人，遽降近30%。據教育部統計，自110學年度大

學生首度跌破百萬人後，大學畢業生每年減少1,000人，到了116學年度，只有84.7萬人。

從宏觀的視角來檢視台灣的工作年齡人口，由2022年的1,630萬人，推估到2070年將減少一半以上，來到699萬至828萬人。

此外，根據勞動部的調查指出，國人退離勞動市場的平均年齡為63歲，遠低於日本的70歲及韓國的72歲。主計總處也提出台灣55至64歲的勞動參與率為49％，相較韓國的68％、日本的79％，台灣並未善用中高齡的勞動力。

人才難覓的窘境，並未緩解職場「高齡歧視」的現象，年齡超過40歲的上班族，就會面對職場天花板的危機。這些持續惡化的社會現象，讓企業人才不足的問題雪上加霜。

人才議題將危及企業營運，也成為影響經濟發展的重大國安危機。

人才國際化，「高出低進」導致人才稀缺

台灣腹地狹小，除了影響企業發展，也限制了人才的舞台。隨著台商西進，台灣人才大舉進軍中國，而在廠商轉往南向發展的趨勢下，台灣人才又要拿起行囊出征東協。

對於四面臨海、面積只有36,100平方公里的台灣而言，國際化趨勢是驅使島國人才出海打拚的重要關鍵。然而，近年來

台灣人才呈現「高出低進」的現象，讓產官學界憂心，也嚴重衝擊企業的人才來源。

依主計處2017年的調查資料，有73.6萬人在海外工作，其中多數是白領精英。而優秀的高中學子也在「18歲開始拚履歷」（引述《商業周刊》第556期）的危機意識下，前仆後繼出國留學。雖然2020年至2022年，全球新冠疫情肆虐，暫時減緩了人才移動的腳步，但是，展望未來，台灣人才國際化，絕對是一個無法阻擋的長期趨勢。

經濟邊緣化，讓台灣人才出走

馬雲形容台灣的網路產業是：「起了大早，卻趕了晚集。」台灣不是只有網路產業落後，代工為主的傳統及科技產業，面對兩岸重複投資、紅色供應鍊崛起及東協新興國家的急起直追，我們的國家競爭力正逐漸消退。台灣經濟裹足不前，導致工作機會無法成長，這是將台灣人才推出國境的重要原因。

104的調查顯示，台灣人才到中國及東協發展，除了薪酬成長之外，主要原因是「與國際接軌」「擴大工作視野」「體驗不同文化」。

面對人才國際化的趨勢，國家與企業的留才壓力與日俱增。

企業營運影響人才的留任意願，日本軟體銀行由於投資踩雷，旗下願景基金產生巨額虧損，導致從2020年開始，陸續有十多位高階主管離職，馬雲、柳井正等人也退出董事會，孫正義不得不獨挑大梁來扭轉頹勢。企業如果不能穩健成長，優秀人才將會掛冠求去，造成組織人才的空洞危機。

國際挖角頻仍，「楚才晉用」成常態

中國科技產業以五倍薪水挖角台灣技術人才，已不是新聞。鄰近國家如：新加坡、馬來西亞、日本、香港，甚至歐美都覬覦「便宜又好用」的台灣人才；台灣人才能夠走入國際舞台，我們引以為傲，但是如果人才不斷出走，台灣企業將淪入「無人可用」的局面。

新冠疫情的影響，遠距工作成為常態，打開了台灣人才「國際化」的門戶，同時，近年國際大廠垂涎台灣人才，紛紛來台設立據點，掠奪人才。

依經濟部2022年9月的統計資料，約有30家國際知名公司在台灣設立研發中心，2022年投資金額高達243億元，創下歷史新高。Google、微軟、艾司摩爾（ASML）、亞馬遜（Amazon）等巨型企業挾帶優勢資源，磁吸台灣尖端人才。

各方爭搶人才的戰局，也從海外延燒到國內。

2022年底，台積電派出近千名員工，支援美國新廠，一時間，國內的學者專家及媒體都高度關注，台灣人才市場如驚弓之鳥，「人才外移」的憂心甚囂塵上，直到台積電出面澄清，才稍解社會的疑慮。

新加坡於2023年實施5年的就業簽證，吸引月薪達到3萬元新幣的頂尖人才，投入科技創新產業。中國、香港、日本、韓國、馬來西亞、泰國、杜拜都在大力搶奪全球人才，這場人才的競賽，在疫情告一段落，各國開放門戶的趨勢下，將會一觸即發。

人才爭奪戰，已跨越國境的界線，未來企業的人才招募作業，將會更為嚴峻。

知識經濟時代，人才是走動的資產

除了人才短缺之外，企業還面臨嚴峻的留才挑戰。全球化時代，人才會帶著知識與技能，去找尋最適合的工作舞台。

根據104人力銀行的調查分析，在多元價值觀的社會中，人才對組織的忠誠度愈來愈低，隨著資訊的快速流通及職場工作者自我意識的覺醒，也將加速人才的流動。

產業快速變遷及上班族的多元價值觀，讓組織人員流動率居高不下，尤其是需要大量一線工作人員的民生服務產業，招募人員面對「補1人、走3人」的困境，缺員永遠補不齊。

依2023年5月104人力銀行的統計，台灣四大民生消費產業（住宿、餐飲服務業／批發零售業／一般服務業／旅遊、休閒、運動業），因應疫情解封，均大舉徵才，職缺數達到47.8萬個，創歷史新高（占104整體職缺數106.3萬的45%。年增率強勁成長31%）。

然而，需才孔亟的四大民生消費業，卻大鬧人才荒，即使祭出10%的薪資調幅，也找不到人才，南部食品大廠的人資主管說：「科技業大舉擴充，再加上近3年來疫情的衝擊，連洗碗工都跑到科技廠當作業員了。」

疫情讓服務產業人才四散分飛，短期內缺員狀況將很難解決。

過高的離職率，會抵消招募的成效，唯有讓招募與留才齊頭並進，才能讓人才的活水源源不絕的挹注到組織中。

人才培育，趕不上企業的需求

全球人才大戰開打，企業無所不用其極搶奪優秀人才，而組織也全力固守人力資源；AI人工智慧、互聯網、行動裝置、電動車、元宇宙等新興商機的崛起，導致IC設計、半導體、網通、數位通訊、大數據、雲端等專業技術人才炙手可熱。

然而，現在的年輕學子願意就讀理工科系、鑽研學術研究的愈來愈少，使得基礎科學人才銳減。2021年產官學界，在理工四校（台大、成大、清大、陽明交大）及中山大學成立半導體學院，積極培育人才。但是，每年區區數百人的養成速度，相較3萬人的人力缺口，只是杯水車薪。

各行各業在轉型成長的挑戰下，人才嚴重不足、再加上產業與技術的更迭，專業折舊速度加劇。如果人才的「量」與「質」不能與時俱進，將會限縮企業的成長與發展。

低薪，是人才心中永遠的痛

台灣產業由於無法擺脫「代工」的本質，且產業轉型升級速度過慢，加上中國及東南亞新興國家的快速崛起，導致中小企業的營運壓力備增。同時，大多數企業刻意壓抑人事成本，也使得員工無法得到合理的薪酬待遇。

通膨快速增長，讓台灣職場的低薪現象雪上加霜。2024年1月起台灣基本工資調升為27,470元，時薪則為183元，雖然政府近8年連續調整基本工資，月薪及日薪的調幅達到37.3%、52.5%，但是相較高漲的物價、台幣貶值及亞洲鄰近國家的薪資優勢，台灣人才的工作所得偏低。如果不能積極改善，恐造成人力資源的外流及人才抗拒進入職場的嚴重後果。

北京、上海的薪水扶搖直上，越南高階白領的待遇已凌駕台灣，馬來西亞、泰國等東協國家的工資也急起直追。台灣政府與企業如果不能有效解決低薪現象，「人力資源發展」只會淪為紙上談兵。

2022年，全球第三大平價品牌優衣庫（Uniqlo），連續兩年戰勝疫情及通膨的挑戰，締造淨利的新高紀錄。創辦人柳井正在接受媒體訪問時，除了強調讓品牌在世界各地紮根，發展成為當地「國民品牌」的經營策略外，也闡述塑造讓消費者「信賴的品牌」的重要性。

柳井正為了培養及強化人才的競爭力，宣布2023年為日本8,000多名員工加薪，年薪加碼幅度最高可達40%。

柳井正說：「企業須有賣力工作，就有高薪回報的機制。只要是好人才，年薪10億日圓也可能。」

Netflix創辦人里德．海斯汀（Reed Hastings）告誡主管：「別等團隊成員拿著競爭對手的邀請來找他們，才想到替部屬加薪，如果不想失去某位同事，也知道他的市場身價正在上升，我們應該配合行情主動加薪，及時留住好人才。」

宏碁集團創辦人施振榮先生曾提出「低薪找不到好人才」的呼籲。如果企業不能秉持勞資共榮的態度，將獲利與員工分享，並支付合理的薪酬與待遇，人才與組織將會貌合神離、愈行愈遠。

創業風崛起，獨立工作者時代來臨

創新工場董事長李開復說：「低成本創業時代來臨。」全球的大學畢業生並不急著投履歷、找工作，而是跟隨著網路狂潮，加入創業大軍的行列，台灣的年輕上班族也勇於搭上這班

「自立門戶」的列車，當「人人創業」的思潮蔚為風尚，企業招募人才的來源也會受限。

此外，知識經濟時代，擁有技術與知識的上班族，對組織的依存度降低，歐美已有數千萬人成為獨立工作者，這些具備專業能力的上班族，沒有固定雇主，也不想過朝九晚五的生活。

人才愈來愈難找，是一個殘酷的事實；企業導入自動化系統與設備來取代人力，也是時代的趨勢。組織招募作業必須因應人才市場的變遷，做好必要的調整，才能在人才爭奪戰中，延攬具有競爭力的好人才。

躺平主義盛行，年輕世代的價值觀改變

「長江後浪推前浪」的職場世代輪替，已經被徹底打破！

網路的發達，讓全球年輕人相互串連，自由主義思潮崛起，傳統「朝九晚五」「用時間換取報酬」「工作是人生最重要的一部分」的傳統上班族價值觀受到挑戰。

新思維促使全球年輕人在工作與職涯上，有了新的認知與想法，加上物價、房價狂飆，年輕世代不買房、不結婚、不生子、及時行樂的觀念，襲捲世界每一個角落。甚至消極的以「躺平」來抗議這個不友善的環境。

「在職離職」（quiet quitting）正在全球崛起，引爆上班族只做份內工作，將心力放在其他領域的思維。新世代工作者在家

裡不想聽父母的嘮叨，工作上也厭倦主管的監督與管理，他們與傳統「忠於工作、循規蹈矩、打拚職涯」的工作認知，背道而馳。韓國有20%的上班族瘋狂追幣、重壓特斯拉（Tesla）股票，期待一夕致富，因為他們已經看清了朝九晚五的工作，不僅無法財富自由，甚至連對抗通膨的力量都沒有。

年輕世代不再將工作列為優先選項，這群「及時行樂」「成功由自己定義」的人類新物種，不再是源源不絕，隨著既定社會模式，魚貫進入組織的傳統生力軍。企業在招募新血的思維上，必須換顆新腦袋，因為職場的世代交替，正面臨就業本質上的翻轉巨變。

企業主及主管的用人理念與胸襟

許多企業主及主管都將「重視人才」掛在嘴邊，但是具備「善待優秀人才」胸襟與氣度的主管並不多，企業組織的功能之一是「發展人的長處、抑制人的短處」，如果組織不能建立包容、發展、留用人才的文化，會讓招募作業事倍功半。

鋼鐵大王卡內基（Andrew Carnegie）的墓碑上寫了一段話：「一位知道選用比他自己能力更強的人，來為他工作的人，安息在此。」

「世有伯樂，然後有千里馬；千里馬常有，而伯樂不常有。」值得企業主管省思。

1-3 「找對人才」的5個小故事

Netflix累積「人才密度」的啟示

2001年春天，Netflix在網路泡沫化的危機中，為了生存，毅然裁減三分之一的員工，只留下工作表現卓越、具有創意且能與人融洽合作的夥伴。

歷經了這次裁員風暴，Netflix非但沒有因此元氣大傷、一蹶不振！反而因為留任的都是箇中好手，而提昇了組織的「人才密度」，不僅有效促進工作效率，也因為優秀人才齊聚一堂，激發出超強的熱情與活力。

此次經驗，讓Netflix致力提供業界最高的薪資，積極延攬「精英中的精英」，同時以成為世界級的卓越企業為使命。Netflix將與人選面談的重要性，排在所有會議之前，所有主管都必須把這件工作列為第一要務。

此外，所有Netflix的員工都被教育，必須主動關心前來公司面談的求職者，曾有到Netflix面談的人選說：「他在等待面談的短暫時間內，就有6位員工，主動探詢是否需要提供協助。」

Netflix鼓勵員工接受競爭同業的邀請，以證明自己的身價；而公司則根據人才的市場價值與對公司的貢獻，不吝惜給予高薪來留任人才。對於有更優秀人選可以接任的職務，Netflix也會果斷請走表現稱職的員工，並給予高額的資遣費。

Netflix的創辦人里德．海斯汀把提昇「人才密度」列為企業管理及建立優質文化的第一步，他全力打造一個「高手雲集」的團隊，因為優秀人才極富創意和熱情，也能夠「以一當十」完成大量重要的工作。Netflix淘汰庸才從不手軟，因為平庸的員工，只會虛耗主管的心力，並拉低所有人的表現。

Netflix將公司比擬為職業球隊，而非大家庭，不斷提昇人才密度，讓優秀人才誠實無私回饋，同時塑造「責任」與「自由」的組織文化，鬆綁制度規範，建立「當責」的工作價值觀。

以創新、速度為競爭利基的Netflix，藉由持續追求「人才密度」的經營策略，獲得了巨大的成功。Netflix迅速崛起、打敗群雄，成為全球最大的影音串流平台。

Netflix在2022年疫情趨緩後，面臨會員流失的挑戰，但這段經營人才的成功故事，仍然值得大家參考與學習。

建議企業經營者、人資人員及獵才顧問可以閱讀《零規則》（*No Rules Rules*）這本書，體會Netflix的用人哲學及打造「人才密度」的思維邏輯。

亞馬遜創辦人貝佐斯，為人才創造驚喜

《顛覆致勝》（*The Amazon Management System*）一書中，提

到亞馬遜創辦人傑夫・貝佐斯（Jeff Bezos），將延攬人才視為領導者與高階主管最重要的任務。書中舉了一個貝佐斯在創業初期，花了半年時間，力邀在沃爾瑪擔任資訊部門主管的瑞克・達澤爾（Rick Dalzell）加入團隊的小故事。

貝佐斯除了親力親為之外，還動用了財務長喬伊・科維（Joy Covey）及矽谷傳奇投資人約翰・杜爾（John Doerr）協助，但都無法說服達澤爾加入亞馬遜。

貝佐斯不放棄、鍥而不捨，甚至為了給達澤爾一個驚喜，專程搭機飛到阿肯色州的頓維爾，只為了與他共進晚餐。

精誠所至、金石為開，1997年瑞克・達澤爾成為了亞馬遜的資訊總裁，他致力升級資訊系統，打造了數位時代的全新管理模式，讓亞馬遜得以在線下書局圍攻的危急時刻，度過難關。

馬斯克遇上人才，一刻都不能等

《鋼鐵人馬斯克》（*Elon Musk Tesla, SpaceX, and the Quest for a Fantastic Future*）一書中曾提及，伊隆・馬斯克不斷尋找聰明、優秀的工程師，只要有目標人選，就會全力延攬加入團隊，他在一場航太盛會結識了賈德納（Bryan Gardner），不僅為其償還原公司的贊助款，並在賈德納凌晨2點30分寄出履歷的30分鐘內，就果斷決定請其加入SpaceX，足以證明馬斯克積極找尋人才的行動力與企圖心。

此外，馬斯克挖角人才的功力也是一流，他希望仿效蘋果公司的銷售據點模式，因此主動聯繫原蘋果公司的主管喬治・布蘭肯希普（George Blankenship），除了在電話中介紹公司概況，並且當天立即約人選見面，最終說服喬治加入，同時充分授權給他，讓他打造像Apple store的門市。

臉書創辦人祖克伯派專機迎接17歲高中生

2014年，臉書的軟體開發團隊在蘋果軟體商店，發掘了手機遊戲的開發者麥克・塞伊曼（Michael Sayman），這個11歲自學程式、年僅16歲就開發製作上百款遊戲的高中生。

馬克・祖克伯（Mark Zuckerberg）驚為天人，除了邀請他參加「臉書開發者大會」及加入臉書的實習生計畫外，祖克伯更是派出專機，親自接見了這位科技界的年輕新秀。

大老闆禮遇人才的例子很多，但是，像馬克・祖克伯一樣，派專機、鋪紅地毯迎接有潛力的年輕新人，這樣的高規格，突顯了企業重視人才、唯才是用的胸襟與企圖心。

主管在周五最有價值的工作是面談人選

台灣人力銀行龍頭104的創辦人楊基寬，深刻體會人才的重要性，他曾經在會議上告訴全體與會的主管，即使工作再忙碌，也一定要空出周五下午的時間進行招募面談的工作，他說：「主管覺得心力交瘁、工作沒有進展，主要的原因就沒有找到優秀的人才。」

而選擇周五下午面談的原因是，人才搶奪劇烈，如果遇見好人才，趕緊利用周末假日，邀約人選餐敘，緊迫盯人、趁勝追擊，務必在第一時間，爭取人才加入104團隊。

此外，新興科技崛起，導致工程師兵家必爭。104規畫「小鮮肉」專案，延攬工程背景的新鮮人，並以長達半年的時間投入培訓，以儲備人才。

主管的重要責任，就是不斷找優秀的人才上車，如果連擁有860萬會員的104董事長楊基寬，都警覺到人才難覓的問題，台灣所有企業更應該具備高度的危機意識，運用多元管道來爭搶人才。

這5個重視人才的小故事提醒我們，經營人才是企業最有價值的投資。擁有卓越的人才，可以大量降低管理成本，同時，「一流人才」塑造的「優質企業文化」，能夠避免管理內耗與無效虛工，激盪出知識與創意的火花，並且成就無與倫比的經營績效。

1-4 找好手，企業經營者責無旁貸

企業能夠創造營收與績效，通常有兩個重要因素：其一是「經營者正確的決策」；第二是「擁有一群能夠貫徹執行力，有效帶領團隊、克盡其功的主管」。

所以，睿智的經營者，致力延攬高效且有企圖心的主管，成為企業勝出的關鍵。所有企業經營者都知道「人才」的重要性，但是，卻經常苦無「千里馬」可用。

獵才商模就是在解決「量身訂做」「快速精準」招聘中高階主管及關鍵人才的需求，這樣的潛水型服務，已經協助許多企業成功突破瓶頸、轉型升級。

以下7個善用獵才商模的思維，提供給企業經營者參考。

人才是搶來的，不是等來的

企業刊登招募廣告，藉由人選的主動應徵來遴選人才，可以吸引主動求職者，卻難以接觸「高含金量」的被動求職者。

「主動出擊」找人才，獵才顧問可以藉由資料庫及長期經營的人脈，與企業人資形成「專業分工」的互補關係，達成積極布局人才的目的。

外來人才與內部培養的差異

多數企業的主管人才，是由內部養成，從基層一步一腳印的向上發展，優點是能融入文化與組織的行事風格。但是，最大的缺點，則是受限於既定的思維與框架，在層層限制與包袱中，不易開拓新局。然而，藉由獵才渠道，找到適合的人才，可以平衡組織創新與守成的瓶頸，為組織開啟嶄新的思維與契機。

機會稍縱即逝，沒有人才，就沒有商機

一家企業看好網路行銷的趨勢，迫於競爭同業的營收及市場不斷擴大，經營者暗自焦急，苦無好手建構新的銷售模式。

商機稍縱即逝，只要速度跟不上趨勢，企業的營運版圖與市場，可能拱手讓人。

心急如焚的企業掌舵者，如果沒有合適渠道找到具備新知識與新技能的人才，就必須毅然的採用獵才「主動出擊」的模式，及時延攬關鍵人才來突破瓶頸。

產業招募生態的改變與影響

相關產業中，如果出現了善用獵才服務、積極搶才的企

業，既有的人才版圖就會產生變化，主動求職者與被動求職者都會在職缺的訊息中，重新評估自己的價值與職涯的發展，同時找尋最適合自己發揮的舞台。

「主動出擊」找人才的企業會成功，「被動者」終將坐以待斃。

如果你是高階主管，會主動投遞履歷嗎？

問問高階主管關於「轉職」這個問題，絕大多數人都會希望有專業顧問居間處理相關事宜。在分眾需求的人才市場，如果沒有積極任事、勇於負責的獵才顧問為企業與人才穿針引線，人才與企業就無法碰撞出火花。

求職者意識抬頭，主管及優秀關鍵人才，主動投遞履歷的意願降低，坐等人才上門的企業人資，可能會望穿秋水，永遠等不到千里馬。

空降主管是企業常態

空降主管對於企業營運而言，有利有弊，但是綜觀海內外的企業組織，融合外部精英與內部人才的團隊，往往可以創造不同的契機。這也是為什麼獵才商模，成為中高階主管與關鍵人才供輸的主流模式。

未來是一個快速變動的世界，能善用外部招聘資源、廣邀人才加入團隊的經營者，才是最大的贏家。

獵才服務費與人才價值的省思

大家都覺得獵才招聘，動輒數十萬的服務費，十分昂貴。如果你知道很多企業成功上市櫃、產品研發突破瓶頸、開拓國外新市場、成功轉型升級，或是扭轉了工作效率、組織文化，這些都是靠著獵才顧問與企業合作，延攬到有經驗、有績效的主管或專業人才，才能達成。

大家可以評估一下，上述的這些重大成果，不是區區幾十萬費用可以比擬。優秀人才為企業創造的價值，難以用金錢衡量。

《零規則》一書中分享了一個「搖滾巨星法則」（rock-star principle）：

> 9位程式設計師參與程式編碼及除錯的測試，這個實驗得到了一個重要的結論。參與測驗的9位工程師都有一定的專業水準，但是，最優秀者的表現卻遠遠優於最差者。成績最好的人，編碼速度快了20倍、除錯速度快了25倍，程式執行速度也比成績最差者快了10倍。

「好的軟體設計師的身價，是普通設計師的一萬倍」，這是比爾．蓋茲體會人才價值的比擬與闡述。

Netflix將「搖滾巨星法則」運用在創意型的工作上，得到的結論是：「不論哪一種創意型職務，最優秀者的表現很容易就會超越平均10倍以上」「最優秀的公關專家想出的宣傳方案，吸引到的顧客可以是一般宣傳手法的百萬倍」。

我相信，企業經營者與主管們都認同優秀人才的確具備「一夫當關、萬夫莫敵」的氣勢。

企業振衰起敝、突破成長的競爭力，相較於延攬卓越人才所付出的獵才服務費，大家應該可以很容易衡量彼此間的利弊得失。

年復一年，經營者與主管都為著企業的營運布局費心傷神；空有計畫與想法，如果沒有人才，一切都是空談。如果經營者與決策主管們，想要在混沌的商業環境中突圍前進，請積極善用獵才模式。

「找到好手」，才能讓企業安枕無憂、完成營運任務與使命。

1-5 從張忠謀的識人哲學，洞悉將才的10大關鍵

什麼樣的人才可以縱橫職場、擁有無可取代的定位與舞台，我們一窺半導體教父的用人哲學，提供企業與人選參考。

半導體教父張忠謀的經營管理及人才培育備受各界矚目，從這位時代巨人深思熟慮的人才布局中，我們看到「將才」的10大關鍵。

誠信

媒體提到張太太的一個小故事：有一次要將公司的記事本送人，張忠謀問張太太有沒有付錢給台積電，因為他秉持公私分明的原則，即使是董事長的眷屬，也不能無償將公務經費製作的記事本當做私人的公關禮物。

誠信是創業、做人的基本原則，也是至高無上的主管特質。

聰明、反應快

張忠謀一再稱許兩位台積電的接班人「聰明且反應快」。

身為高階主管，一方面要有很好的學經歷及專業素養。另外，要能聰明、反應快，則必須建立在全盤深入了解業務，及對工作的快速聯想與觸類旁通的能力修為。

有工程師的技術，也要有生意人的頭腦

張忠謀一直擔心高階主管都是技術出身，不具有生意人的特質。他在記者會上說，兩位接班人的工程師個性太強，經過幾年的歷練，已經具備70％生意人的思維。

要培養有嚴謹專業技能、又具備長袖善舞商人個性的主管，的確是很不容易。

思考周延、重視細節

企業決策要能精準正確，必須能在千絲萬縷中理出頭緒，這必須要細心、耐心，也能夠動見觀瞻，才能運籌帷幄、決勝於千里之外，周延的思考能力，是領導者非常重要的內涵。

行動果斷

環境變化詭譎、商機稍縱即逝，快速決策的行動力，是管理者必須展現的特質，但果斷決策並非魯莽行事。

能在有限的資訊中迅速下決定，是勇氣加上智慧的融合，同時必須持續全程監控，不斷臨機應變、調整方向，才能像長程飛彈一樣，在高速飛行中，藉著不斷調校修正航道，而後準確命中目標。

尊重他人

企業在講究專業分工的原則下，其中衍生的問題，就是跨部門的本位主義。主管能否發揮所長、以身作則，又能夠尊重彼此的看法與意見，這是組織中相當可貴的人格特質。

能尊重他人的主管，更能夠顧全大局、廣結善緣、贏得人心。

有幽默感

經營企業是一件嚴峻的課題，所以大多數主管都很嚴肅，難以展現歡顏，更別說是幽默感。

許多管理者，擔心卸下了武裝的面具，會損及威信及讓部屬鬆懈。其實主管適度展現幽默感，能夠讓部屬感受親和力，也能激勵認同感與向心力，是平衡工作要求的重要特質。

情緒管理佳

管理者的情緒會影響企業文化及管理風格。張忠謀董事長每天都撥出至少4小時閱讀，除了博覽群書，也能沉澱思緒，練就卓越的情緒管理能力。

「高EQ」是所有上班族及主管都必須練就的重要修為。

傳遞正能量

要帶領一群員工衝鋒陷陣，在完成目標的過程中，如果沒有建立相同的價值觀，很難長期凝聚向心力。因此主管須不斷藉由理念傳達及身體力行的實踐，來建立組織團隊的正面能量。

鐵的紀律

媒體曾專章報導台積電的經營管理，這篇報導的標題是〈鐵血台積電〉，原來要創造高績效，源於紀律的堅持與實踐。

台積電能夠成為世界第一的晶圓代工龍頭，如果沒有在經營管理、研發、生產、業務及人才發展等方面，建立鋼鐵般的紀律，是無法對抗激烈的市場競爭及挑戰的。

「千軍易取，一將難求」，這是企業經營者心中最大的隱憂。中外許多的知名企業家不只將「人才」視為公司最重要的資產，更以尋覓和培養「將才」為企業永續的核心。

什麼樣的人才能成為企業倚重的將才？從晶圓教父張忠謀的管理智慧與識人能力中，讓我們得到了寶貴的經驗與啟示。

CHAPTER 2

獵才的起源

2-1 源於二戰的獵才商模

炮火四射、槍聲大作，直昇機在空中盤旋，兩名突擊隊員攙扶掛著厚重鏡片的科學家，朝著在槍林彈雨中，驚險落地的直昇機狂奔。

想像這樣的電影場景，在驚心動魄的烽火中，一場人才搶奪戰正在上演。

二戰時期，美軍攻入德國，當蘇聯軍隊全力搜刮物資及重要設備時，美國卻在戰爭結束前的1945年，制定代號為「阿爾索斯」（Alsos）的作戰計畫，集結由步兵師、裝甲兵及傘兵的12萬軍力來掩護由25位特工組成的「阿爾索斯突擊隊」，在戰火中突破重重危難，將德國、義大利、保加利亞、波蘭的數千名優秀工程師及科學家帶往美國本土。二次世界大戰結束後，美國科技突飛猛進，成為世界霸主，這群科技精英扮演極為重要的關鍵角色。

美國很早就理解，唯有掌握第一流的人才，才能真正厚實國力，並且靠著知識與智慧，成就一個傲視群倫的世界霸權。

企業師承軍方的經營管理智慧，獵取優秀人才以促進企業轉型升級。現在獵才商模成為企業快速提昇競爭優勢及跨界發展的重要管道，也是主管及關鍵人才轉職的主流模式，從歐美等先進國家，到香港、新加坡、台灣，乃至近半世紀快速成長的中國，獵才商模都方興未艾，扮演中高階人才轉職及企業求才的重要推手。

此外，企業主管、資深人資人員、產業經營管理與行銷、業務戰將，也紛紛投入獵才顧問的行列，將為企業延攬人才的經紀人角色，視為職涯發展的重要里程碑。

時序拉到21世紀，即使沒有槍炮煙硝，但是，組織爭搶人才的過程，一樣極具挑戰與艱辛。

獵才商模是促進產業與人才發展的重要推手，能善用獵才尋找組織人才、同時發揮人才戰力的企業，將可快速提昇競爭優勢，並藉由優化團隊與人力資源，達到蛻變轉型的目的。

2-2 揭開獵才顧問的神祕面紗

現在是「競爭人才」的時代，企業網羅人才的方法，從30年前傳統、被動的刊登報紙廣告及地區夾報，進化到人力銀行網站的招聘模式。

然而，在歐美盛行的「主動出擊、量身訂做」，延攬中高階主管的獵才服務，伴隨台灣企業「轉型升級」「需才孔亟」「人才稀缺」的發展趨勢，開始成為企業多元招募人才的重要管道。

尤其在優秀中高階主管、專業人才難覓及上班族普遍重視職涯發展與個人隱私的前提下，不論是大型上市櫃公司，或是中小企業都積極運用獵才模式來引進中高階主管與關鍵人才。

企業人才需求的高度成長，導致獵才公司如雨後春筍般的成立，具有產業知識及招募技巧、識人能力的獵才顧問，成為網羅關鍵人才，為企業及人才拉起紅線的重要推手。

許多投入獵才顧問行列的上班族，在經歷了傳統的工作型態後，想要找一份既能延續專業，又可以與人互動，同時自主工作、靠績效掙錢的職業，「獵才顧問」成為這些上班族積極爭取的工作選項。

然而，這份「高難度」且極具「變動性」的工作，卻不是人人都做得來；要又快又好，為企業找到對的人才，絕非易事。許多進入人才顧問行列的上班族紛紛快速中箭落馬，能夠長久堅持並且展現績效、樂在工作的顧問，一定有過人之處。

如果不具備產業知識的硬實力及服務熱忱、挫折忍受、堅持不放棄的軟實力，以及精準辨識人才的敏銳觀察力，絕對無法勝任獵才顧問的工作。

人們對企業獵才的商業模式感到好奇，有人認為獵才顧問就是將人「挖來挖去」，並從中賺取高額服務費。這些表面上的認知，無法完整詮釋中高階獵才的業務運作，也都與真實情境有所出入。

目前台灣大大小小的人力仲介與獵才公司，預估達到千家以上，獵才組織的經營品質良莠不齊，從業人員的專業度與企業對獵才商模的認知與運用，都有進步與成長的空間。

面對嚴峻的競爭環境及人才稀缺的窘境，獵才成為企業網羅人才最重要的一環。獵才模式的精進，將有助企業與人才搭起合作的橋梁，促進人力資源的正向循環。

CHAPTER

3 獵才商模的特性與內容

3-1 獵才的服務流程

在新人訓練課程時，我常開玩笑的與新進顧問分享：「獵才的商模與流程，5分鐘就講完了。」因為不論是否經歷招募的工作，只要有找工作、面試的經驗，或是稍微知悉企業的招聘作業流程，大致就能了解獵才的工作內容。只是，一般公司的人資是「全力幫自己的組織找人」，而獵才顧問則是「接受不同企業的委託」，「主動出擊」「量身訂做」協助各行各業招募人才。

由於招募的層次與廣度不同，客戶與人選的產業、背景、特性與需求都大相逕庭，而且獵才商模又有高額服務費的對價關係，所以獵才顧問所遭遇的招募挑戰與變動程度，遠遠大於組織內部的人資人員。

獵才的服務流程，謹以下頁列表方式來呈現。

表列的14個項目，大致呈現了獵才商模服務的內容與步驟，雖然不難理解，但是其中的複雜程度與服務客戶與人選的專業與挑戰，並不是一般人所能體會。

獵才的服務流程	
流程	工作內容
1	開發「有獵才需求」的客戶
2	評估及研討企業的人才需求
3	簽訂獵才委辦合約
4	搜尋及開發合適人選(主動與被動求職者)
5	顧問面談及評鑑人選
6	撰寫「人才推薦函」進行推薦作業
7	研討人才符合度及爭取安排企業與人選面談
8	溝通與異議協調及處理
9	進行人選資歷查核
10	協助企業進行聘雇決策與相關作業
11	人選報到
12	開立發票/收取服務費
13	人選到職後的保證期服務
14	維持客戶關係與持續經營人選

「人才延攬」不像銷售實體產品，有明確規格、標準及SOP規範，獵才服務必須因應企業及人選不同的需求與想法，這些變數會隨著時間、環境、任務，或是觀念、想法的調整而改變。尤其「求職/轉職」牽涉的層面甚廣，每位上班族在不同的時空背景下，有不同的謀職考量。綜合這些不確定因素所交織而成、環環相扣的問題，是獵才顧問每天必須耐心因應，並從錯綜複雜的變因中，理出頭緒、細心拆解及處理的議題。

獵才的主體是中高階主管，要促成委辦企業與卓越人才的互動與合作，獵才顧問居間穿梭的溝通協調，是極度燒腦與耗費心力的艱鉅工程。

3-2 獵才服務的收費標準

獵才的商業模式，屬於區隔性的分眾市場，目前台灣獵頭市場大多採取人選報到任職後才收費的模式，在服務費與收款作業上有下列幾項要點。

以年薪為計費的基礎

獵才服務費以年薪為計算基礎，不同年薪，訂定不同的費率，目前獵才同業的費率約為20%至30%（年薪愈高、費率愈高）。例如：100萬至150萬，費率是20%；150萬至200萬，費率為22%；200萬至250萬，費率為25%；250萬至300萬，費率為28%；年薪300萬以上，費率為30%。

年薪的認定，是以人才的市場價值（包括人選年度內領受的所有報酬，例如：月薪、簽約金、紅利、獎金、股票等）來認定，這部分的定義會詳列在合約的內容中。

也有許多企業會要求以固定費率收費（例如，不論年薪多少，都以25%計費），在同業激烈的競爭中，為了爭取客戶，服務費的議價與談判在所難免。但是，企業在評估合作的獵才機構時，還是要回歸到延攬人才的初衷，選擇「誠信」「專業」「服務」、有市場口碑與績效及充分掌握人才資源的獵才團隊。

此外，由於「量身訂做」的獵才服務，普遍受到各行各業的肯定，對於供需失衡的關鍵職缺，例如，銀行理專、店長、專櫃小姐、客服等專業人才，都會採用主動出擊的方式進行招募。因此，也有獵才公司針對這些企業有多位人才需求的案件，採用以月薪為收費基礎的專案模式來承接（例如，人選到職後，以1至3個月月薪做為收費的標準）。

指定挖角的收費原則

若企業已有心儀的「對象」，企業會與獵才顧問事前研討成交後的計費方式，一般依據案件的困難度，大約為原收費的70%至90%。

「指定挖角」是企業已鎖定某位人選，但不方便直接接觸，因此，請獵才顧問居間協調。

各位不要認為，在目標明確的狀況下，應該很容易達成使命；事實上，這樣的案件，人選可能直接回絕邀請。

如果在顧問的努力溝通下，人才有意考慮轉職，也會回歸到獵才案件的作業流程。顧問必須站在企業與人才雙方的角度，依序進行後續的相關工作。

人選重複推薦的認定原則

大多數企業委辦獵才案件並非獨家委託，為了加速招聘的進度，客戶可以同時將任務交付2至3家獵才公司，針對相同的案件來進行人才的搜尋與推薦。

獵才顧問都具備廣結善緣的特質，在搜尋人才的過程中，積累了豐沛的人脈。因此，難免會發生同一位人選被兩家不同獵才公司推薦的情形，這時候就會產生人選到職後的服務費收取爭議。

根據業界的共識，發生了這樣的狀況，會以先推薦的顧問公司（須在人選推薦的有效期間內），為最後收取服務費的對象。然而也有由人選認定服務獵才顧問的方式，或是在客戶的居間協調下，由獵才公司彼此溝通收費分潤（比例）的做法。

不論採用何種方式，獵才顧問不要偏離為「企業延攬人才、為人才創造舞台」的服務初衷，妥善合理解決各方爭議才是上策。如果為了爭取服務費，搞得雞飛狗跳，甚至對簿公堂，實在沒有必要。

在此，也要提醒人選，遇到不同的顧問公司，欲推薦相同企業時，務必予以婉拒，同時慎重說明已被其他顧問推薦的狀況，才不會滋生爾後的紛爭。

保證期失敗的做法

獵才公司收取人選成交的服務費後，還涉及「人選保證期」的議題。一般而言，企業簽訂獵才合約，都會約定保證期的期限（依年薪高低，一般為30天至120天）。

而人選未能通過保證期（企業考核人選不適任，或是人選自行離職），獵才公司的處理方式，為重新遞補一位人選（遞補以一次為限），或是退款50%結案。

兩張錄取通知書規避服務費

> 小美很沮喪，人選的年薪明明是230萬元，企業發出的錄取通知書卻寫著190萬元。依雙方簽訂的合約內容，應收服務費少了近8萬元。

部分公司為了規避服務費，會發出兩張錄取通知書，給獵才公司的書面文件上刻意降低年薪，或是與人選協商在聘書上減列薪酬項目，藉以少付服務費。

這樣的行為其實違反了誠信的原則，企業設身處地想一想，如果在生意往來的過程中，遇上了這樣的客戶，應該也會難以釋懷。

在獵才的商模中，三方（客戶、人選、顧問）的誠信是最重要的價值，大家都應該秉持這樣的精神，才能達到三贏的局面。

企業要求重新簽約，結果大出所料

資深顧問William走進我的辦公室說：「成交多個案件的A公司，提出重新簽約的要求。」我心頭一緊，判斷客戶一定是要議價，調低服務費率。

想不到，顧問居然給出不同的答案：「A公司的董事長認為104獵才十分專業，在眾多的獵才公司中，只有我們推出符合期待的人選，幾個重要的區域總經理崗位，都能順利快速補足。」

A公司的人資主管特意致電104，希望調高服務費率，以表彰及感謝我們的專業及努力。

各位看倌，只要能滿足客戶需求，有良心的客戶，還是會為我們帶來肯定與溫暖。

獵才商模的收費標準（例）				
聘雇人才年薪	非研發類職務計費標準	研發類職務計費標準	計算單位	保證期間
NTD3,000,000以上	30%	33%	年薪	120天
NTD2,000,000 ~NTD2,999,999	25%	28%	年薪	90天
NTD1,500,000 ~NTD1,999,999	22%	25%	年薪	90天
NTD1,000,000 ~NTD1,499,999	20%	22%	年薪	90天
NTD800,000（含）以下 ~NTD999,999	20%	22%	年薪	45天

註：客戶需求人選年薪若低於80萬元者，依80萬元之年薪標準計費。

3-3 獵才商模的行銷模式

104獵才隸屬於104資訊科技集團，在虛實整合及線上／線下互補的招募作業中，人力銀行的刊登客戶如果無法從主動應徵的人選中獲取人才，就會轉介到實體服務的獵才顧問，接續來完成企業招募的任務。

然而，為了擴大獵才的版圖，還能夠運用什麼方法來拓展服務、開拓商機呢？

以下是獵才團隊常用的行銷推廣方法：

- 口碑行銷是最靠譜的方式，客戶與人選的肯定，絕對是最佳行銷利器。
- 發送行銷EDM或電子報，廣為宣達獵才服務。
- 購買網路關鍵字廣告，或是運用社群的力量來吸引客戶的關注。
- 舉辦線上或實體的講座，近來流行的podcast，是一個方便且容易經營的平台。
- 成功案例分享，藉由成交的案件，彰顯獵才團隊及顧問的績效與專業，能得到客戶的肯定與認同。
- 異業合作，例加參加展會及與平面、網路的媒體合作，在活動中置入人才招聘的議題，都是獵才經常運用的手法。

- 發布調研報告及召開記者會，例如，104獵才每年年底發布「台灣經理人動向」大調查，並舉辦記者會，提供產業留任及招聘高階人才的趨勢與建議。
- 舉辦人資講座或是上班族職涯成長課程，分享人力資源趨勢與職涯發展的建言，可以長期經營企業客戶及優秀人才，是長線布局獵才商機的前瞻做法。

2023年，104獵才為了擴大服務獵才人選，由Ann帶領的行銷團隊製播「獵才給人才的100堂課」，希望藉由實際的案例與執案的經驗，提供中高階主管及關鍵人才自我成長及職涯發展的具體建議，為提昇台灣人才競爭力而付出心力。

3-4 企業多元招募管道及優缺點分析

企業人資部門最主要的工作就是不斷引進優秀新血，讓人才不虞匱乏，同時促進人力資源的正向循環，但是問問負責招募作業的承辦人員，你會得到的答案清一色是：「人實在太難找了」「經常看了數百封履歷表，挑不出幾個人可以面談」「通知面試，被拒絕率也很高，因為優秀的人才，大家都在搶」。

即使辛苦的面談了人選，薪水談不攏、拒絕錄取、不報到的現象也屢見不鮮。

由於人才供需失衡，企業招募天數不斷攀升，根據104的

人才難覓，招募天數攀升

2021-2022年人才平均招募天數
按一般職、主管職觀察

企業人才難找的原因：

- 產業前景不明，人才靜觀其變
- 企業用人嚴謹，人才慎選工作
- 企業與人才，轉職薪資談不攏
- 企業營運保守，拉長招募周期
- 人才互搶，優秀人才難覓

資料來源：104〈2023人資F.B.I.研究報告〉

統計資料顯示，2022年一般職缺的招募天數為47.7天，較2021年的45.5天，多了2.2天。而主管人才則從61天拉長到了61.6天。此外，企業招聘作業的面談到職率僅約20.6%（到職人數／面談人數）。

很多從事招募的人資既困惑又沮喪，每逢農曆年轉職潮、新鮮人季或發完年終、紅利後，都得面臨人員大量離職的夢魘。有時候補人的節奏跟不上人員離任的速度，真的會神經緊繃、憂心、操勞到身心俱疲、一夜白頭。

「現在的人資真的愈來愈難幹了！」人資夥伴面對人員異動及招募的挑戰，真的很難為。

企業面談到職率20.6%

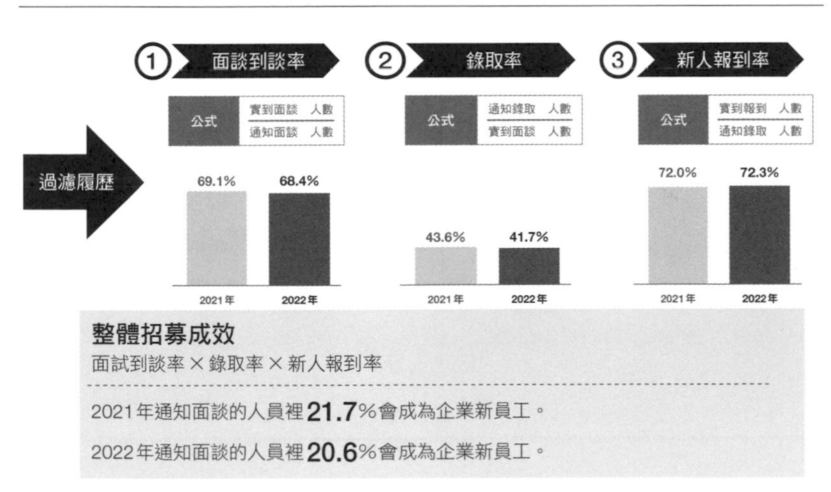

資料來源：104〈2023人資F.B.I.研究報告〉

企業為了加大「搜尋人選」的力道，紛紛為用人主管開啟104招募平台的VIP權限，讓人資及主管們一齊進系統找人。

組織招募作業到了草木皆兵的地步，企業無所不用其極的運用各種管道與手段來補充人力，以下將目前企業使用的招募方式及其優缺點，以圖表方式呈現，供大家參考。

各種招募模式都有其特性，企業可以根據本身的需求與資源來選擇適合的方法，然而只有獵才服務可以達到「量身訂做」「快速精準」的企業攬才宗旨，在人才極度稀缺及企業啟動雙軌轉型、跨界發展的趨勢下，獵才商模成為企業快速補充「即戰力」的最佳選擇方案。

「費用高」則是許多公司排斥此種模式的重要原因。

企業人才的招募管道分析

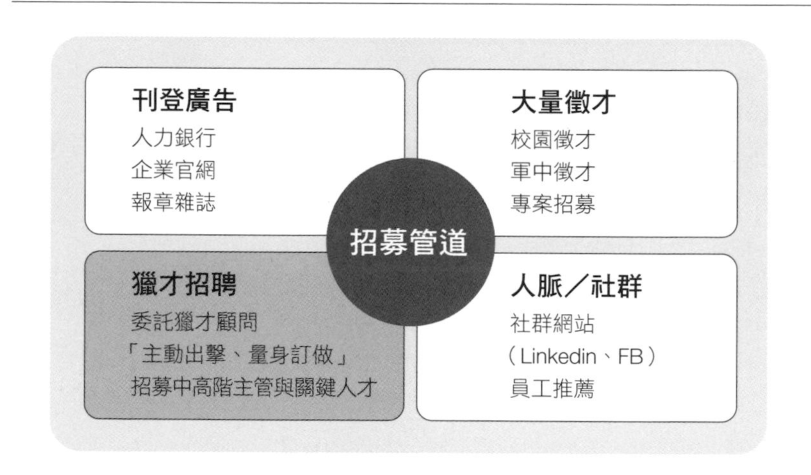

招募管道的特性及優缺點分析

刊登廣告	專案招募	獵才招聘	人脈介紹
優點： ● 成本低 ● 曝光效果持續 ● 可獲取大量的應徵履歷 **缺點：** ● 被動等待人選應徵 ● 中高階及關鍵人才主動應徵意願低 ● 招募面談耗時耗力 ● 刊登職缺資訊無法清楚解讀 ● 重要職缺公開風險	**優點：** ● 鎖定特定領域人才 ● 可大量蒐集履歷 ● 招募活動聚焦 ● 招募具行銷亮點 **缺點：** ● 適合基層年輕族群 ● 較難吸引專業人士或主管人才 ● 舉辦時間無彈性 ● 徵才效益短暫	**優點：** ● 量身訂做找人才 ● 招募精準、快速 ● 大量接觸符合人選 ● 顧問／企業雙重把關 ● 背景調查及人格特質／意願確認 ● 主動行銷企業優勢 ● 任職保證期保障 ● 主管及專業人才的主流招募模式 **缺點：** ● 成本較高	**優點：** ● 招募成本低 ● 人員熟識、能力特質掌握度高 **缺點：** ● 來源有限 ● 可遇而不可求 ● 有人情壓力 ● 人員不適任、處理難度高

獵才費用真的高嗎？相較於企業短、中、長期的營運發展及商機的延宕，人才與組織競爭力的提昇也許更重要。精明的企業主及用人主管，可以仔細的評估與衡量。

獵才招聘的目標對象

主動出擊／量身訂做／快速精準

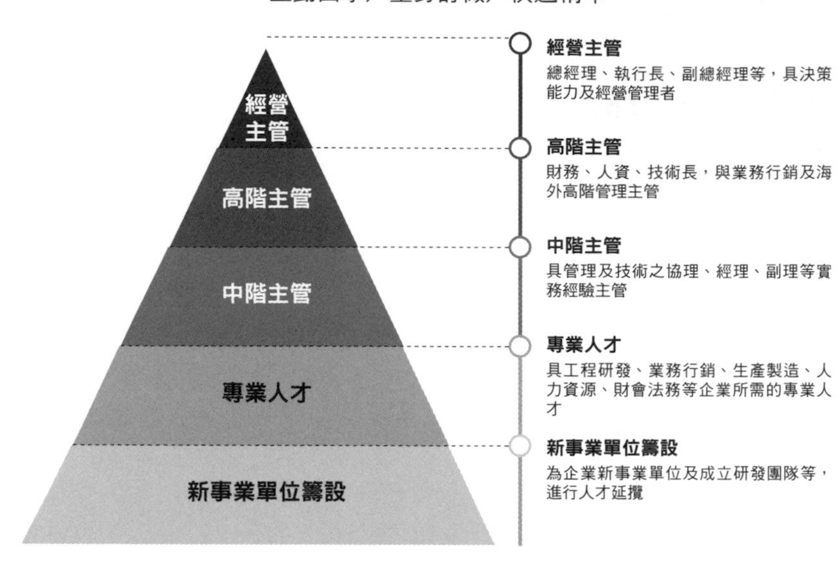

3-5 企業為什麼需要獵才服務？

企業使用獵才的原因

人力銀行刊登招聘廣告的服務多元且日新月異。同時，費用也十分低廉。

我在科技產業服務時，每逢年底，助理簽報的人力銀行續約費用，幾乎都是閉著眼睛就簽准；因為刊登網路招聘廣告，已成為企業招募作業的基本款方案。

然而，依年薪收費的獵才服務，為什麼伴隨人才招募市場的成長而受到企業的青睞？究竟公司經營者獨鍾獵才顧問「銜命出擊」的商模，能為企業帶來何種無可取代的價值？

愈來愈多的客戶因應人才取得不易，而將獵才納入多元招募的管道，這也是人才市場充斥大大小小、規模不一的獵才公司，以及獵才從業人員不斷增加的原因。

不斷加速的時代，企業一刻都不能容忍人才缺乏的致命危機。因此，藉由專業獵才顧問的資源與人脈，廣為接觸符合人選，並積極網羅高手加入陣營。

企業想要透過獵才服務，滿足什麼樣的人才需求？謹將企業的想法與需求條列如下。

- 延攬卓越人才，超前布署主管及關鍵戰力。
- 企業轉型升級或是跨界發展，需要招募有經驗的好手加入組織。
- 重要人才異動，急需快速補充。
- 派駐海外人才，無法從內部培養或自行招募有困難。
- 現有人員無法達成企業要求，需快速招募即戰力補強或汰換。
- 尋覓接班人選（專業經理人或輔佐二代接班人）。
- 組織重要人事的招募作業敏感，不宜公開招聘。委由獵才顧問在檯面下保密進行。
- 企業既有的招募管道無法滿足招募人才的需求，藉專業顧問團隊長期經營的人脈網絡，來尋覓合適人選。

與企業溝通人才規格及搜尋、過濾、面談、推薦人選的獵才流程，雖然傳統，但是，藉由顧問豐富經驗、獨具慧眼的識人能力，獵才顧問每每能推出讓經營者或用人主管眼睛一亮的人才。同時，獵才人選能快速展現績效，讓企業掌握商機、趁勝追擊或是扭轉劣勢、轉危而安，就是這樣的臨危授命及為企業帶來新的績效與契機，讓企業愈來愈接受與肯定獵才的服務。

以下是獵才顧問協助企業招募作業的10項重要機能與特性：

- 多數有意轉職的優秀人才不會主動投遞履歷，而是藉由人脈進行。獵才顧問能扮演「職涯經紀人」的角色，為企業與人才拉起紅線。
- 冰山下的被動求職者，只能仰賴人脈廣闊的獵才顧問，才能有效發掘。
- 主動出擊、量身訂做、快速精準的招募特性，滿足企業用人需求。
- 企業不便直接向同業挖角人才，委由獵才顧問接觸人選。
- 精確傳達企業的優勢與亮點，溝通說服人選接受企業邀約。
- 確認人選轉職意願，避免無效的招募行為。
- 透過人才顧問的專業與經驗，評估人選是否適合企業所需。
- 敏感的薪酬福利，藉由顧問居間協調，能獲得妥善圓滿的處理。
- 人才可遇不可求，獵才顧問就像人才市場的探照燈，無時無刻關注人才動態，是企業最佳的招募夥伴。
- 獵才顧問能提供人才對企業的觀感及外部認知等客觀訊息，供作參考。

獵才顧問扮演的角色

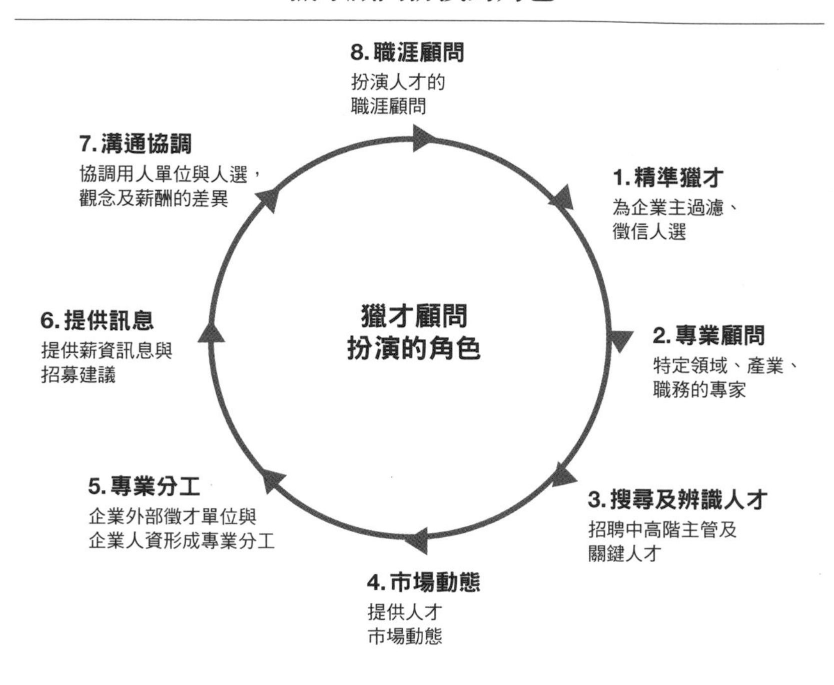

企業人才困窘，獵才商模崛起

企業經營者都具有強烈的成就動機與企圖心、血液中更是流著創新挑戰的DNA。因此，總有「空有理想抱負，卻無人才可用」的遺憾，就像女人的衣櫥總是少了一件衣服。每位老闆魂縈夢遷的都是：「能勇於任事、積極負責、創造績效的尖兵悍將」。

早期以外商及大型公司使用為主的獵才商模，近10年來已廣為企業組織所接受；即使10人以下的小公司，為了提昇競爭力，也紛紛與獵才顧問合作，遴聘優質人才，加入團隊。

在獵才運營中，顧問們經常遇到以下的場景，這也是企業採行獵才的原因。

A公司：

人資主管被各單位的缺員需求，追得疲於奔命。而嚴重影響公司轉型升級的主管人才，總經理更是「奪命連環call」，要求人資必須快速引進人才。

徵人啟事刊登了3個月，無奈沒有符合條件的人選主動應聘，人資主管急得像熱鍋上的螞蟻。

B公司：

年後的主管會議，總經理眉頭深鎖，因為工廠廠長在開春上班第一天，就以「健康因素」遞出了辭呈，整個公司都議論紛紛，剛開工的生產線也謠言四起。工作停擺、人員士氣大受打擊。更頭痛的是，沒有合適人選足以擔當重任。

C公司：

中國大陸連年調漲基本工資、基層生產人力的招工愈來愈困難，讓以代工為主的公司，成本大增、交期不穩定，毛利逐年下滑，眼看連「毛三到四」都保不住了，董事會做出了遷廠越南的決定。但是，建廠籌備工作多如牛毛、全公司沒人有相關經驗，也無人願意長期派駐東協，這個難題讓人資長及企業高層傷透腦筋。

D公司：

經過審慎評估，家用機器人是未來的主流產業，公司為了搶搭這班趨勢的順風車，希望整編目前相關專業的工程研發人員，成立新的團隊，投入新一代家用服務機器人的開發工作。無奈沒有具產業知識與背景的研發主管來領導團隊，讓董事長著急的跳腳，擔心商機稍縱即逝。

E公司：

公司成立35年，目前的一級主管平均年齡達到60歲，審視組織的人力狀況，沒有合適人選能接替各部門主管的職位。此外，二代接班箭在弦上，現有主管的觀念與思維，已無法符合未來組織變革的挑戰，急需引進新的主管，協助接班人銳意革新、延續企業命脈。

F公司：

企業組織高層互鬥時有所聞，公司董事長為了業務主管與製造部門的爭端備感焦慮。

工廠生產交期及良率每況愈下，業務與生產單位每天爭吵不休，而製造主管非但不能積極協調，反而變本加厲，煽動員工的情緒，搞得組織動盪不安。老闆希望能尋覓更適任的人選，來取代目前的主管。

「找獵才顧問幫忙」，成為這6家公司共同的選擇，因為獵才顧問長期經營優質人選，有廣闊的人脈網絡，同時精熟產業動態與趨勢發展，能夠為這些公司分憂解勞，解決高階人才招聘的棘手難題。

企業在營運成長的過程中，人力資源是最重要的資產，一般的職缺靠網路招聘即可獲得充沛的履歷，並從中過濾遴選合適人才，然而若是遇到了以下的狀況與問題，就必須仰賴獵才顧問「量身訂做」找人才。

- 現有主管異動，企業內無人可以接替，須緊急遞補。
- 企業為成長擴充或突破經營問題，須找尋具關鍵技術或技能的主管。
- 企業跨界經營或向海外發展，現有人員無法銜接企業新任務。

● 企業找尋主管接班人選。

以上4點，是企業使用獵才服務的重要原因，在與速度競賽的環境中，人才的等待成本與商機損失極為巨大。

2021年由於新冠疫情促發新科技如元宇宙及數位產品的快速成長，導致半導體晶片嚴重缺貨，全球晶圓代工龍頭台積電成為全球矚目的焦點。而身為主要競爭對手的英特爾除了不斷的跨海叫陣之外，也大力延攬人才，來強化產業的競爭力。

2022年1月11日英特爾在台灣推動「員工推薦計畫」（Employee Referral Program，ERP），若能成功推薦指定7家廠商的好手進入英特爾，該員工可獲得最高新台幣24萬元的獎金。

英特爾重金搶奪台灣人才

員工推薦計畫條件	員工推薦計畫獎勵
指定7家廠商挖角	推薦員工可獲24萬獎金
成功推薦女性人才	推薦員工可獲16萬獎金
成功推薦男性人才	推薦員工可獲8萬獎金

資料來源：英特爾，2022年1月12日工商時報A4版

英特爾實際上是將付給獵頭公司的費用回饋給員工，其著眼在自身員工更能了解組織的企業文化與用人需求。

2021年9月，IC晶片大廠聯發科同樣祭出新進員工報到獎

金，只要在10到12月報到的轉職專業人才，將發給限時報到獎金15萬至25萬元。

企業灑大錢招募人才，除了不斷加大員工介紹的力道，在激烈的人才搶奪戰中，所有廠商幾乎都會同步啟動獵才的模式，因為獵才顧問有寬廣的人才網絡，可以大量且精準的接觸人才。

不只缺高階主管，中階技術人才也大缺工

台灣主計總處2022年發布的調查報告顯示，2021年中階技術人才的缺工達到13.1萬人，創七年新高，占總缺工比例高達52.6%，其中以智慧機械、電子資訊業的需求最大，這也反映在獵才的商業模式上，昔日以高階主管為獵頭對象的特性，早已因為企業關鍵人才的短缺，而擴大了獵才招聘的範疇，例如銀行理專、科技業的研發工程師、社群經營的行銷企畫、拓展市場的國外業務、營建業的機電、工地管理人才，這些各行各業的中堅骨幹，均已成為企業獵才的服務對象。

產業提前爭搶應屆畢業生的時間不斷提前，2022年第四季，媒體普遍看淡半導體產業的未來發展，但在人才的儲備上，台積電完全不放鬆。2022年9月5日台積電宣布推出「預辦登積」計畫，向2023年5月畢業的碩博士生招手，符合資格者將在年底前發出聘書，可以享有10萬元的到職獎金；整體預

計要招募1,500人，同時，碩士畢業的工程師年薪將達到200萬元。

各大科技廠都感受到競爭人才的危機感，紛紛提早出手，人才戰爭只會愈演愈烈。扮演人才急先鋒的獵才顧問，重要性將與日俱增。

3-6 獵才顧問為什麼能幫企業找到好人才？

每次拜訪企業經營者，這些思維前瞻、長袖善舞的企業主，只要談到人才議題，都會顯得興趣盎然，但臉上卻不免滿布憂心的神情。因為他們迫切需要更多、更好的人才，才能突破現狀、創造企業的競爭優勢。

然而，人才市場上「千軍易取、一將難求」，好人才非常不容易發掘；專業、負責、有企圖心、具執行力的頂尖人才，不是已被企業重用，就是不輕易轉職。

獵才顧問，長期深耕高含金量的人才，這是唯一能搭起企業與人才橋梁的有效管道。近年來，委託104獵才顧問徵聘主管的企業逐年成長，同時，更多的中小企業為了轉型升級，願意祭出優渥薪酬，網羅關鍵人才與職場高手。而獵才模式，就成為人才與企業互動的最佳渠道。

為什麼獵才顧問可以為企業找到好人才？

好人才不會天天想換工作

大家常開玩笑說：「真正的好人才，都不太會寫履歷，因為沒有頻繁轉職的需求與經驗。同時優秀人才大多藉由人脈轉職，根本不必寫履歷。」

好人才全心投入工作中，不會騎驢找馬、見異思遷。所以，要想發掘好人才，必須仰賴長期關注高端人才的獵才顧問，才是最快速、有效的方法。

獵才顧問扮演人才經紀人的角色

優秀的人才，能夠吸引企業主的目光。這些高含金量的頂尖主管，就像鎂光燈下的明星一樣，擁有專屬的獵才經紀人，來布局新的職涯舞台。

獵才顧問長期與人選互動，掌握中高階人才的發展過程與成就績效，因此，具備充分的同理心，能站在中高階主管的思維與立場，審視職涯的相關議題。

專業獵才顧問會理性研判及分析職涯發展的機會，並與人選做詳盡的溝通與研討。

此外，居間與企業互動，評估人才與招聘公司的適配度。從產業、職務、任務、組織、薪酬、工作地點、文化等各個層面來做通盤的考量。

所有企業與人才關心的工作與權益問題，獵才顧問都要協調解決，才能成功促成雙方的合作。

辨識人才能力，無可取代

用「大海撈針」，來形容找人才的難度，十分貼切；企業人資與經營者都會同意，人才「可遇不可求」，要藉由面談來辨識人才有很高的風險。因為硬實力容易測量，但是人格特質、品德氣度、正面思考、忠誠負責等軟實力，很難從一、兩次的面試過程中得到驗證。

獵才顧問與人才維持長期的關係，同時在業界人脈深厚，能夠補強企業搜尋及辨識人才的能力與盲點，協助找到「對」的人才。

與資深顧問William前往台北101大樓，拜訪一家上市公司的董事長。由於公司對於招聘總經理的作業十足保密，因此，由會計師出面協助邀約雙方碰面，同時選擇在公司以外的地點研討。

和客戶見面前，我們完全不知道這家客戶的名稱與背景。

董事長與特別助理委婉的說明，因為要替換現職總經理，基於上市公司的敏感因素，因此必須採取這樣的嚴謹措施。他們詳細說明原由，對於未來的接替人選做了清楚的描述。同時，設定達成的目標與績效，也提出具體的數據要求。

一如預期，人選的經歷必須亮眼，同時要能與這位事必躬親、強勢領導的董事長共事，的確是高階主管的一大挑戰。

結束與客戶的訪談行程，William與我步入101大樓寬敞明亮的電梯，準備下樓，在電梯門關上的那一刻，William說：「我知道誰適合擔任這份工作了。」

我滿臉狐疑的看著他篤定的臉龐，覺得不可思議，William居然可以在研討後的幾分鐘內，清楚洞悉老闆的需求，同時明確點出可能的人選。

這個困難的案件，William只推薦了一位人選，就雀屏中選。人選年薪高達800萬台幣，董事長也對104獵才及William的工作效率與專業能力刮目相看。

我相信如果不是仰賴William厚實的產業人資主管背景及長期經營高階人才的經驗，不可能有這樣高效率的執案績效。

獵才顧問就是這樣一個經營人脈、觸類旁通、敏銳觀察及快速媒合的工作，長期積累的經驗與人脈，絕對是為企業找對人才的關鍵因素。

尊重人才隱私，雇傭雙方對等

把高階、關鍵人才當成職場VIP來經營，是對人才的尊重。由獵才顧問居間溝通協商，能為企業與人才架構彼此互動的平台。

為確保人選的權益及隱私，獵才顧問必須徵得人選的同意，並且有書面（或電子檔）的委託文件，才能進行推薦作業。許多獵才同業未能落實這項作業，將會危及人選的工作，也無法保密人選的個資安全。

企業需才孔亟，而頂尖人才擇木而棲，唯有企業、人才與獵才顧問三方緊密合作，才能在尊重人選隱私、確保企業權益的基礎上，達到互利三贏的目的。

協助人才看見企業的價值

台灣高達98%的公司都是中小企業，許多經營卓越、禮遇人才的公司，不見得人人知曉。因此，藉由獵才顧問的協助及引薦，可以說服優秀人才與企業互動，創造原本不可能的機會與火花。企業如果能與獵才顧問成為專業分工的招募夥伴，一定可以有效將企業的價值，適時傳達給合適的人選。

一家從事塑膠地板生產的中小企業，希望延攬化工背景的研發主管，以提昇產品的競爭力。但是，這家名不見經傳的傳統產業，得不到專業人士的青睞。

白髮蒼蒼的董事長找獵才公司協助招募人才，他雖年過七旬，但是中氣十足、精神抖擻，在講述創業的奮鬥過程時，可以感受到炯炯有神的目光下，透露著滄桑與堅毅的神情。

他很自豪，在企業兩岸布局的發展中，公司從沒向銀行借過一毛錢。我們聽了不禁肅然起敬，中小企業主的財務實力十分雄厚，董事長的口袋果然「深不可測」。這家穩健獲利的公司即將首次公開募股（IPO），卻苦於產業屬性冷門，也沒有管道接觸優秀的主管人才。

各位如果知道這個案件的結果，一定會為獵才顧問的努力而拍手叫好。

承接案件的顧問，覺得如此有實力的公司居然找不到好手，十分可惜。因此，針對化工領域的專業人才，展開了一番搜索。最後，在不斷穿梭、溝通雙方的想法與意見下，成功將工研院的化工博士，推上研發副總的關鍵崗位。

董事長喜出望外，而這位超越期待的人才，也讓企業成功突破產品研發的瓶頸，終能讓企業完成股票上市的重要任務。

一樁化不可能為可能的獵才案件，在顧問的努力下，終於圓滿完成、開花結果。

3-7 哪些客戶不適合使用獵才服務？

薪酬落差過大，獵才顧問無力回天

獵才顧問：「關於招募研發長的人才需求條件，董事長說得十分清楚，但是公司提供的薪酬預算，與市場的行情有很大的落差。」

董事長：「這是獵才顧問的責任，因為找不到人，所以才請你們來協助。」

相同的場景，出現在另一個類似的案件上。

總經理回覆顧問關於獵才人選的提問：「這個未來的業務協理，一定要出自同業。此外，必須有歐美大客戶的人脈資源，才能快速協助公司提昇業績。」

老闆開出的價碼是年薪150萬元，顧問連忙提醒總經理，符合這樣條件的人才，在市場上的薪資行情至少要300萬元。

總經理說：「這就是我找獵才的原因，你們要負責解決這個問題。」

獵才顧問由於深耕產業與人才，對於薪資的敏感度極高。從上述的兩個案例發現，許多企業希望藉由獵才顧問來說服人選，共體時艱，降低薪酬要求，但是，這種「吃米，不懂米價」的行為，人才不會買單。

企業對於獵才商模普遍存在錯誤的認知，以為只要找不到人，就可以委託獵才來解決。然而，人才選擇赴任新職，不是單憑顧問的三寸不爛之舌，顧問必須秉持專業的立場，掌握雇主與人選兩方的需求，來促成雙方的合作，而這個彼此的交集，除了工作能力與績效之外，合理的薪酬、福利，乃至經營理念、管理溝通模式、人格特質、企業文化都是重要的衡量因素。

要能創造企業成長及人才職涯發展的雙贏契機，客戶、人選、顧問三方都須建立對等的心態，共同努力，才能成功。

期待「即戰力」，企業需展現包容與支持

一家生產電阻、電容的被動原件廠商，由於業績持續衰退，董事長急欲找尋業務戰將來拯救直線下滑的績效。公司訂出外商業務主管的甄選標準，且必須與國內電子大廠有業務往來、熟識採購人脈資源，藉以快速打入供應鏈，來提昇業績。

企業祭出300萬元年薪，在獵才顧問的努力徵詢

下，終於有符合的人選出線，經過三次的面談及一次的業務簡報，順利獲得錄取。

董事長等不及人選一個月的報到期限，就邀請其參與公司的經營會議。

一切都進行得非常順利，雇傭雙方展現極大的合作誠意，然而，就在人選任職滿三個月的前夕，董事長急電獵才顧問，意欲辭退這位好不容易從外商體系獵取的業務副總。

原來，董事長過於心急，質疑產品未能快速取得廠商驗證，埋怨新任主管無法取得訂單。業務主管費心提昇研發速度及產品良率，又遭資深員工暗地排擠、中傷。結果，雙方無法建立共識，最後落得分道揚鑣的下場。

獵才顧問受到雙方的責難。然而，經過檢討發現，雇主的想法、組織的本位主義、業務團隊的溝通互信，都出現了問題。

這個失敗的案例，不僅出現在獵才招募的情境中，也經常發生在企業高階主管的延攬作業上。

聘任主管是一件審慎且重要的工作，如果企業不能完善的做好相對的支援與準備，即使主管有三頭六臂，也很難在短期內產生綜效。

對於新任主管，企業應給予合理的目標與足夠的時間，如果操之過急，可能陷入「欲速則不達」的窘境。

不尊重人才，神仙也難為

許多企業主仍然存有「恩給制」的舊思維，認為員工來企業做事，就是討一碗飯吃。因此，恣意使喚、隨意辱罵，未善盡尊重員工的企業倫理。

甚至業界也流傳有公司經營者用「三字經」斥責主管，絲毫不給顏面與尊嚴。這樣的公司，沒有人願意加入，因此，只好花錢委託獵才顧問招募人才。

遇到這樣的案件，即使顧問願意運用人脈廣邀人才，但是，由於雇主在業界惡名昭彰，顧問不免屢吃人選的閉門羹。努力到最後，顧問也會在人選的負評中，放棄案件的承做。

因為，企業主無法尊重人才，即使有人選願意委身任職，終究會落得不歡而散的下場。

獵才顧問不能昧著良心，將人選推入火坑！

企業委託獵才，不是願意花錢就可以。請先盤點一下招募、育才、留才的資源，與建立合理領導及善待員工的心態，才能對人才產生吸引力。

3-8 被獵才顧問拒絕的客戶

獵才服務屬於企業招聘的分眾市場，因為獵才的高額服務費，導致多數企業望而卻步。

然而，即使獵才客戶開發不易，在實務的運作上，仍然有以下的情形，獵才公司會主動婉拒客戶的委託。

企業別有用心，顧問打退堂鼓

曾經拜訪過一家上市的科技公司，打扮得花枝招展的人資經理告訴我：「公司與30多家獵才公司簽約合作。」聽聞此言，我頓時心裡涼了一截，有句話差點脫口而出。我很想告訴她：「我們做朋友就好。」

我後來確認了這個客戶用人的狀況。近兩年來，沒有一位人選是透過獵才管道引進的，這意味著客戶極有可能只是利用眾家獵才顧問來蒐集人選的資訊，或是比對自己招募人選的差異。或者，藉由獵才顧問推薦的人才，了解市場動態、蒐集競業情報、汲取人選的知識與技能及客戶與產品訊息。

這類的客戶，只會讓獵才顧問窮盡心力、白忙一場，也會因為客戶的壞心眼，而辜負了有意投入組織的應聘人選。

企業須解決「無法留任人才」的結構性問題

與客戶研討用人需求時，顧問會詢問企業委託獵才的崗位，究竟是新增還是遞補的職缺。如果屬於人員離職待補的情形，那麼，前任主管的在職時間及離職原因就必須深入探究。

總經理說：「這個研發主管的位置，3年來換了5位經理。」

面對這樣的背景，通常要接著了解人員頻繁異動的原因。因為背後的因素可能是公司的管理風格獨特、工作安排與要求不合理、企業內部惡鬥嚴重、老員工排擠新主管等等結構性的問題。

若是這些關鍵問題不能解決，獵才即使推薦新主管到崗，失敗的機率也很高。

建議企業需審慎分析留不住人的原因，並且加以解決，再啟動延攬人才的作業，以免重蹈覆轍、得不償失。

用後即丟，3個月就叫人選離職

曾有公司屢屢花錢獵取中高階主管，但人選均無法通過（試用）保證期。因為，經營者會在3個月內傾力要求人選，釋出所有的客戶資源及關鍵的技術和知識。然後，再以「人選不適任」為由，辭退人選，同時要求獵才公司退還50%的服務費。

這樣的案件，對於獵才顧問及人才而言，都是極大的打擊。

面對這樣的客戶，顧問需審慎判別與思考，避免成為無良企業的劊子手，讓獵才商模蒙上陰影。

企業違法，獵才顧問束手無策

一家上市公司招募財務長的網路廣告刊登了一年，還是沒人上門應徵。

董事長邀約獵才顧問上門研討，幾經詢問，才知道企業經營者違反證交法遭主管機關裁罰、會計師也在公司財務報表上簽註保留意見。所有了解內情的財務人才，沒人肯接下這個爛攤子。這樣的情況，獵才也難為。

客戶不誠信，獵才顧問無語問蒼天

獵才圈中，客戶不誠信的案例屢有所聞，這也是獵才拒絕客戶的重要原因。

委託客戶會在獵才顧問推薦合適人選後，聲稱人選不合適，再私下與人選聯絡，並以各種方法規避獵才顧問的參與，私下聘用人選。

或用其他的關係企業、不同的職務來核發聘書，低報人選年薪、以求降低服務費的狀況也十分常見。這些違反合約、不誠信的行徑，不僅嚴重損及客戶形象，也打擊了努力付出的顧問。

此外，堅稱已有人選資料或與人選套好是主動應徵，排除顧問推薦及收取服務費的權益；甚至，極力蒐集各家獵才顧問推薦的人選，待一至兩年的有效期間過後再自行聯絡、聘任人選。

上述林林總總的現象，都在提醒我們，無論獵才公司、獵才顧問及委託企業與人資從業人員，在面對獵才以「誠信」為基礎的商業模式，大家都還有進步與努力的空間。

3-9 獵才費用真的貴嗎？

獵才商模之所以是小眾市場，主要的原因有兩項：第一，企業中高階主管的招募需求，不像一般職務多且頻繁。另外，由於獵才係以人選的年薪來計算服務費，所以這也嚇跑了許多企業主及人資。當然，仍有許多的公司堅持自己培養人才，不輕易進用空降主管、或是擔心挖角人才不能久任。這都是獵才屬於區隔性分眾市場的原因。

我經常詢問負責開發客戶的主管及專員，在接觸客戶時會遇到的困難，他們總是不約而同的說：「只要一提到服務費，客戶就打退堂鼓。」「每家客戶都有人才的需求，也覺得人才很難找，但是很難輕易接受以年薪計價的模式。」或是「與客戶談得很融洽，但是只要寄出合約與報價，就會石沉大海。」

然而，近年來由於企業面臨轉型升級的巨大挑戰，同時，人才取得的難度愈來愈高，因此，主動出擊延攬人才的獵頭服務備受企業青睞。

獵才顧問滿手都是招募中高階主管及關鍵人才的委託案件，若是企業主有很高的危機意識，積極爭取人才到位，將能有效提昇營收與獲利。

別漠視企業招聘的「隱形成本」

每位經營者及主管都非常關心成本，因為做生意的宗旨就是「將本求利」，「殺頭的生意有人做，賠本的生意沒人做。」即使大家的觀念一致，但是，企業的隱形成本，仍然高的嚇人，例如：組織、溝通、會議、採購、生產、研發與銷售，這些大家天天都得面對的流程與作業，其中的無效工時與人力、物力的浪費，如果加以精算，一定非常恐怖。

企業組織的內耗與浪費，大部分的原因，與「人」密切相關，「找對人」是讓工作有效率運作的重要關鍵。

公司都想找到好人才，如果被動等待，難有優秀人才上門。

相較於備受大家關注的獵才收費模式，我們來探討一下，企業招募究竟有哪些有形和無形的成本？

另外，「人才不到位」的巨大風險與損失，更不容企業忽視。以下的內容，將會扭轉你對於獵才收費的既定想法。

招募管道的成本

刊登報章雜誌、人力銀行的招募廣告、製發EDM、購買關鍵字、經營社群、舉辦招募活動、訂定員工介紹獎金。舉凡這些招募人才的作為，企業都需編列執行經費。如果招募成效不彰，這些費用就像肉包子打狗，「有去無回」。

長期積累，這是一筆不小的開銷，公司應定期檢視招聘投入的成本與效益，才能有效精進作業。

面談人選的成本

企業招募人才，過濾履歷、面談人選是無可避免的工作，從人資、用人主管到總經理，都必須為了延攬人才付出時間與心力。

這些時間與人力的付出，企業往往不會敏感的列入成本來計算。但是，如果人員異動頻仍，大家必須抽出達成工作目標的時間來投入招募工作，累積的成本將十分可觀。

成功招募人才的難度愈來愈高，企業要耗費更多的時間，才能找到合適的生力軍。此外，擔任遴選人才重任的用人主管，多半未經專業的面談訓練，誤判人才的機率很高。

委由專業獵才顧問隨時為企業物色人才，除了能夠無時無刻的關注人才之外，也吸收大部分企業過濾、面談人選的時間與成本。

人才不報到的成本

一家中小企業，因為網路的口碑與風評不好，接連幾位錄取的人員，都在臨到職前打消念頭、放棄報到。不僅使企業投入招募的心血付諸流水，內部同仁的士氣也備受打擊。

人員不報到的原因，多半因為人選有其他的選擇機會。企業費盡心思招募人才，卻非錄用者的首選，遇到這樣的狀況，公司招募的努力都將化為烏有。

專業的獵才顧問能有效釐清網路流言，並妥善溝通處理，也能在第一時間確認人選的轉職與投入意願，減低人選錄取後，發生不報到的情形，增加人才到職的機率。

人才找不進來的成本

「找不到人」是企業主心中永遠的痛。每位經營者或主管都希望延攬專業、能創造績效的好幫手，來協助達成工作使命。但是，人才可遇不可求，「對」的人才得之不易。

然而，你知道該找的人才沒到位，企業會有哪些損失嗎？客戶、業績、品質、產量、交期，不同的職種，會導致不同的成本損失與商機延宕。

企業採行「一個蘿蔔一個坑」的人力配置，人才流失對同儕的影響十分巨大，必須靠加班、增加工作量來補足缺口，如果時間過長導致現有人員不堪負荷，將造就組織運作失衡，形成營運的危機！

人才短期陣亡，對組織造成傷害

一位主管很感慨，因為業界都說自己的公司是人才訓練所，新人往往在任職一年到一年半後，練就完身手，就琵琶別抱、跳槽到其他公司任職。算算這些培訓付出的成本，十分驚人。

企業為了讓新人盡快具備即戰力，所以安排內外部課程，提供機具、設備來進行培訓，同時找主管及資深同仁擔任「導師」（Mentor），企業訓練新人的成本很可觀。

一旦人員短期流失，企業無疑是賠了夫人又折兵。若是訓練好的同仁，投入了競爭同業，更讓人情何以堪。

長期等待，錯失商機

有位企業老闆，考量電子商務已蔚為趨勢，希望建立線上與線下的銷售管道，卻一直擔心兩者的互斥與衝突。因此，無法痛下決心，延攬專業人才布建新商模。

時間一天天拖下去，等到消費者都習慣到線上消費後，這家原本市占頗高的企業，營運如江河日下。長期等待、錯失人才的成本與損失，有可能會損及企業經營命脈，也會讓大好江山拱手讓人！

人員異動與交接的成本

企業組織，人來人往、異動難免，但是一位人才的流失，不是只有薪水的差異，工作經驗、知識、智慧、人脈的損失，才是重中之重。

企業經常會忽略工作交接的隱形成本。大家都知道，有70%的上班族離開現職是不開心的；也就是說，這些交接工作可能無法完備，甚至，準備異動的人員做個手腳、擺個道，也時有耳聞。

交接不嚴謹，資訊與經驗可能就會斷鍊，這種可怕的現象在中小企業尤其嚴重。此外，更有案例是離職人員帶走公司的客戶與資源，另立門戶，與老東家打對台，這樣的局面就不是簡單的成本損失議題了。

企業是人的組合，有人的地方，難免有人員的異動。企業往往也是被動的「遇缺補人」，招募作業成了例行的程序與步驟。但是，許多招募作業冰山下的隱形成本，卻一點一滴的浸蝕公司的根基。

提醒企業主、用人主管及人資，千萬要審慎衡量與評估，有形的成本容易發覺與控管，隱藏的無形成本與損失，卻是扼殺企業競爭力的禍根。長期發生在人力資源的隱形成本將會浸蝕企業獲利，也會影響公司的營運與發展。

與獵才顧問成為合作夥伴，可以減少招募及用錯人的損失，相較於獵才服務費而言，精打細算的經營者應該能夠判別得失，進而做出明智的抉擇！

幫企業解決80%隱形招募成本

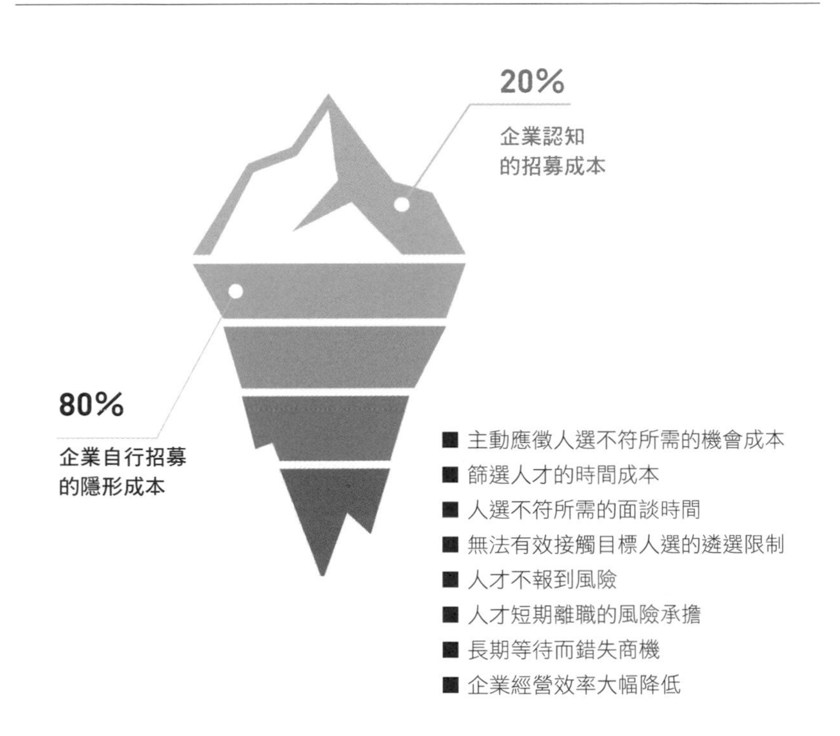

Part II

獵人篇

CHAPTER

4 投入獵才工作，停聽看！

4-1 什麼人適合做獵才工作？

困難的工作，讓你無可取代

許多人想投入獵才顧問的行列，這些有意轉換跑道的上班族，普遍表達喜歡與人互動，也樂於和人選相互探討職涯的規畫與發展，認為協助企業「找對人」、輔佐人才「找舞台」，是一件極具社會意義、值得長期投入的工作。

在招募面談獵才顧問時，最常聽到人選對於適合此份工作的詮釋是：

> 「我在工作中經常為客戶介紹合適的人才，也熱心提供朋友轉換工作舞台的建議，對獵才這份工作很有興趣，也願意將原本的產業知識與人脈運用在招募工作上。」
>
> 「我目前擔任企業人資，負責招募作業，對於人才招聘與面談流程很了解，相信可以勝任獵才顧問的

工作。」

由於獵才顧問必須經常與人選互動。有人開玩笑的說：「走進Starbucks，有過半的桌次都是獵才顧問在與人選面談。」所以這個天天「聊天、喝下午茶」的工作，頗能獲得上班族的關注。

然而，根據多年經營獵才團隊的經驗，進入獵才顧問的工作領域，能成功的不到50%。這是獵才同業共同的觀察，這也是為什麼許多人會批評獵才顧問的高流動率，及認為這個行業是用「人海戰術」來運營的錯誤認知。

這是一個令人沮喪的事實，多數人經過3個月到1或2年的努力，黯然去職的工作者仍不計其數，能在獵才領域長期發光發熱的優秀顧問不到30%。

我們不得不承認，經營「獵才」的事業，除了專業知識、招募技巧等硬實力之外，堅持不放棄、忍受挫折、以苦為樂、自我激勵、正面思考、勇往直前的人格特質，不可或缺。

這些成功的特質，很難在短期內加以培育（或者說，許多特質是與生俱來的），這與企業老闆感歎「生意囝歹生」（台語），有相同的意涵。能衝鋒陷陣、屢挫屢奮、創造績效的業務人才，很難靠培訓養成。

我想起鴻海創辦人郭台銘先生，在2007年鴻海的尾牙宴現場高掛的對聯，上頭寫著：「爭權奪利是好漢、開疆闢土真英雄」，橫批「出將入相」；除了勉勵同仁創新業績之外，也清楚標示了拓展業務、開拓營收的重要性。

當然，這樣的營銷戰將，絕對是任何企業兵家必爭的關鍵人才。

秉持「服務企業與人選」的初衷，不汲汲於獎金、不被業績擊倒及因應企業、人選高變動的韌性，則是長久在獵才領域發展的關鍵因素。

成為一位稱職的獵才顧問不是一件容易的事，而是一段不斷自我成長、自我挑戰、自我激勵、自我突破、自我肯定的過程。

「成功人士都知道，必須自己激勵自己，因為大多數情況下，沒人能替你做這件事」。馬雲曾說過的一句話：「用左手溫暖右手。」很傳神且貼切的形容這份「高難度」工作的挫折自癒力。

我想，任何一份業務工作，都必須具備這樣的態度與人格特質。而以「人」為服務標的的獵才顧問，所必須承載的變數與挑戰更高。能在工作中找到樂趣、價值與意義，是保持旺盛鬥志的重要原因。

梅約醫學中心（Mayo Clinic）的研究指出，在工作的內容中，如果熱愛的比例不到20%，人們就容易感到身心疲憊。

具備工作熱忱的顧問，才能真正樂在其中。

在討論獵才顧問需具備的條件與能力之前，先分享幾個成

擔任獵才顧問的條件

資歷背景	人格特質
✓具招募經驗的業務人員或主管 ✓企業資深人資人員或人資主管 ✓各產業不同領域中／高階主管 ✓具產業的中高階人脈網絡	✓喜歡與人相處，具備業務特質與能力，並樂於與人分享 ✓思路清淅／條理分明／解決問題的能力 ✓自我管理及獨立作業能力 ✓挫折忍受力與復原能力高 ✓不斷學習／挑戰高薪 ✓誠信

功顧問的小故事。

卓越的顧問特質，創造績效

Alan，一位出身科技代工大廠的製造主管，長期派駐中國，他返台照顧雙親並重新覓職。我看著Alan的履歷表心想，許多台商派駐在大陸的中高階主管，紛紛返回台灣工作，也許有這樣背景的顧問，可以為客戶提供更精準的獵才服務。

但是，基於以往的經驗，獵才顧問是一份業務的工作，製造體系出身的從業人員，往往不具顧問特質，恐怕難以勝任。

與Alan談了兩次，仍然無法做成錄用的決策，甚至我認為他應該延續「製造領域」的工作職涯，在台灣重新找一份與生產管理相關的工作，是較為明智的抉擇。

這件事延宕了近一個月，Alan發了mail，也打電話來爭取獵才顧問的工作，我們又見面溝通一次，他堅定的表示一定會破斧沉舟、完成使命。

終於，Alan成為我們團隊的一員。他的績效表現十分卓越，這位長期在代工廠工作的製造主管，卻跌破大家的眼鏡，連年成為全團隊業績最高的顧問，深受企業經營者的信任，對於他推薦的人才也都欣然接受。

Alan一向堅持親自與經營者研討人選的條件與規格，並爭取參加企業與人才的面談會議。因此，他能精準的掌握企業主的用人特性及需求，同時與人選深入互動、討論職涯的成長與發展。他卓越的「顧問特質」，奠定了獵才的好成績。

三個女孩的媽媽，值得尊敬的顧問

Wendy是一位擁有三個女兒的年輕媽媽，在這個「少子化」的時代裡，我們都要為她的勇氣肅然起敬。

頂著國立大學、海外碩士的學位及多年教育訓練的產業資歷，進入104獵才團隊後，Wendy的工作投入與熱忱令人折服。她善用時間安排拜訪客戶的行程，從台中到高雄，她的訪客行程永遠充實而緊湊。我常開玩笑的對她說：「這樣的勤跑客戶，未來可以出來選立委。」

Wendy相較於其他的顧問，與客戶有著緊密的黏著度，經常被客戶追著跑，委辦案件源源不絕。多數獵才顧問經常抱怨客戶與案件不足，如果對比Wendy的狀況，真是天差地別。

Wendy說，她從事獵才顧問工作的第一年，由於沒有客戶，因此利用執案以外的時間，拚了命的開發及拜訪客戶，一整年聯絡了數百家客戶，而其中的30%，成為她堅實的基本盤客戶。就是這樣的開拓精神，讓有7年獵才經驗的她，永遠沒有缺案件的問題，也讓她在獵才團隊中脫穎而出，成為一位快樂的媽媽與顧問。

工作中接觸的獵才顧問，多數都是兢兢業業，如臨深淵、如履薄冰的展現職涯經紀人的專業風範，這是獵才行業蒸蒸日上的主要原因。期待更多有志之士在這份人力資源的業務工作中，為企業、人才與自己開創更寬廣的道路與舞台。

4-2 獵才顧問的重要觀念與執行力

獵才顧問肩負與企業主管及人選溝通互動的重要角色，因此在新人教育訓練的課程中，我會親自擔任獵才商模、顧問職掌的講師，逐一說明團隊的規範與顧問作業的SOP。以下與大家分享從事獵才行業的重要觀念與執行力。

具備工作的熱情與使命感

「獵頭」原意出於古代部落，在交相征戰時，割下並懸掛對方的頭顱，以威懾敵人及鼓舞士氣。

大家是不是覺得既殘忍、又血腥？

然而，時過境遷，從現代社會的招募商模來拆解「獵頭」的定義，「獵」代表搜尋，「頭」則隱含著首領、頭腦、智慧的意涵；「獵頭」就是為企業延攬、網羅高端人才，例如身懷絕技的研發高手、頂尖業務戰將、高級管理幹部等的招聘模式。

二戰後，從歐美發跡並在全球盛行的獵才商模，在企業需才殷切、高階人才重視職涯發展及獵才顧問扮演稱職經紀人的專業分工下，讓這個解決企業燃眉之急、促進人力資源發展的招聘模式，不斷在全世界的人才市場成長茁壯。

歐美企業之所以能在世界經濟舞台上所向披靡，重視「人才」，絕對是最關鍵的因素。許多歐美公司，會用激烈的併購手段來取得人才，而花費高額獵才服務費來招募好手，更是毫不手軟。

目前「獵才商模」已成為企業網羅高階人才的主流模式，也是中高階主管、關鍵人才普遍接受與認同的轉職管道。

擔任獵才顧問，首先要有「為企業找對人」「為人才找舞台」的堅定使命感。同時，在不對稱的訊息落差中，認知與理解高難度、高變動性的獵才屬性，進而靠著誠信、經驗、智慧與努力，成就媒合伯樂與千里馬的工作價值與企圖心。

擁有熱情是獵才顧問工作動能的催化劑，也是讓人愈挫愈奮、勇往直前、樂此不疲的靈丹妙藥。

重視績效——達成團隊與個人的業績目標

獵才顧問是一份業務的工作，達成業績，意味著藉由自己的努力，精準有效的解決企業的用人問題，也創造人才嶄新的職涯舞台。

達成個人與團隊設定的目標，是獵才團隊與企業互利雙贏的表現，也是獵才顧問的本分與職責。

然而，在達成目標的前提下，還必須檢視業績的內涵，例如：產業別、新／舊客比率、客戶數、案件數、平均單價、成交職務等等細節。

就像健康檢查一樣，透過X光、超音波、核磁共振等等檢驗結果，來驗證自我的健康狀態。

檢核及分析業績的內涵，可以達到洞悉優缺點及找出問題的目的，也能針對缺失進行改善，讓獵才績效持續長紅。

許多獵才從業人員，認為案件能成功，運氣的成分居多；所以，將無法成交案件、達成業績，視為時運不濟。因此，不會認真檢討自己的問題，也會規避應有的責任。

同儕間甚至相互取暖，形成一股「推拖卸責」「看天吃飯」的消極氛圍。

關於運氣的議題，我想到一個例子，與讀者分享。

念國中時，我被分發到升學班，班上的第一名永遠是一位姓周的同學。大家問他怎麼能在升學班優秀同學的激烈競爭中脫穎而出，每學期都拿第一名。他總謙稱是自己運氣好，讀書的內容恰巧都在老師的出題範圍中。

其實，他除了課前預習、課中認真聽講，課後也把參考書中的習題全部做完。另外，他會主動找老師討論，發揮追根究柢的精神，搞懂許多理論的邏輯架構。相較於其他同學填鴨式的被動死背、不求甚解、臨時抱佛腳的念書態度，他的好成績，得來完全不容易。

這位同學，中區高中聯招時是大考榜首、大學念

台大電機系，之後到比利時魯汶大學攻讀碩士學位，
目前是某IC設計大廠的高階研發主管。

各位認為他的成就是出於運氣，還是靠著扎實的學習態度與一步一腳的努力，辛苦得來的呢？

努力與運氣是一體的兩面。獵才顧問如果能夠踏實的做好承做案件的每一個步驟，從中習得成功與失敗的經驗，就能避免錯誤與陷阱，好運自然會常伴身側。

發明大王愛迪生曾謙虛的說：「事實上，我不過是塊好的海綿，能吸收觀念或概念並加以利用；我大部分的點子，都是來自那些擁有而不願開發的人。」

紀律＝自律＋他律＋法律

我的第一份工作是在企管顧問公司任職，擔任教育訓練推廣的業務專員，在工作的過程中，曾經多次聆聽台大教授黃光國的「領導統御」課程。黃教授在課堂中闡述如何將法家思想的「法、術、勢」概念，運用在企業的領導管理上，而達到「完善」的目的。

黃光國教授提出一個建構組織紀律的公式：紀律＝自律＋他律＋法律。

一個有紀律的團隊，必須每個人都具有自我管理的觀念與

態度，而整合大家的步伐與建立團隊的共識，則需仰賴嚴謹的制度與規範。

顧問執行案件，雖然有SOP的作業流程，但是，獵才案件並沒有標準的做法與答案。因為企業與人選相互看對眼、締結合作的緣分，存在很多的條件與變數。因此，面對不同的個案與情境，需要靈活調整因應處理的技巧與方法。

尤其，企業需求人才的條件隨時會調整變化；人選對於工作的認知及抉擇，也因人、因時、因環境而異。

顧問在面對企業、人選兩個不斷變動的因子，自己必須秉持堅定的工作紀律，不斷的設法解決問題。如果，因為執案的狀況不如己意，就患得患失、灰心喪志，停止了既定的工作節奏，就會攪亂一池春水，讓事情變得錯綜複雜、難以收拾。

釐清問題真相，採取從容不迫、理性溝通的態度，見招拆招、不輕易放棄案件，才是應有的作為。現代人面對複雜多元的生活與工作，努力做好自我管理，可以在有限的時間完成更多有意義的事。

「自律」對於獵才顧問十分重要。開發客源、拜訪客戶、搜尋／面談人選、推薦作業等等，各項作業都必須井然有序，落實「做好每件小事，是成就大事的基礎」的精神。同時，每天維持合理的工作量，才能在變動中穩住陣腳、創造業績。

我很敬佩團隊中的許多顧問，他們靠著自律的工作態度，贏得了尊重與達成個人績效。

科技業行銷背景出身的Gwen，轉戰獵才顧問，她的兒女都已就讀大學，按理說她的家庭責任已逐漸緩和，不必像年輕的顧問一樣在房貸及年幼子女的教育成長壓力下，辛苦掙錢。

但是，她經常是最晚離開辦公室的顧問。在安靜的空間裡，只有她還兢兢業業、努力不懈的搜尋及聯絡人選；回到家，還要應對企業與人選的諮詢。

Gwen曾有幾次面臨上半年業績落後的狀況，但是她總是從容不迫、沉著的追趕業績，不會因為掉案（推薦的人選拒絕企業錄取，或企業取消案件委託）而自暴自棄，也不會將責任歸咎在客戶與人選的難搞與變數上。她努力追趕目標，終於能夠逆轉勝，並且超越設定的業績目標。

相較於輕易放棄案件、抱怨卸責的同儕而言，資深的媽媽顧問Tanya，是值得敬佩與學習的對象。Tanya在周會中，分享了一段執案的小故事：

晚上10點，客戶來電，急著請她提供推薦人選的補充資料，因為隔天一早，主管就要做聘用的決策。

這讓Tanya很為難，因為相關資料全在辦公室，而且晚間10點，兩個年幼的兒子還需要照料。不巧的是，老公剛好出差，實在是分身乏術。

掙扎片刻，在強烈責任心的驅使下，她還是拎著兩個小孩，從板橋搭車返回辦公室，忙到凌晨2點，終於補齊了客戶需要的資料。而兩個小男孩卻已經沉睡在辦公室的按摩躺椅上。

就這樣，她在辦公室度過了一個難忘的夜晚。

Tanya拍下照片，記錄這個執案的特殊經驗。她的行動力與責任心，得到客戶的感謝與支持，年度業績更是名列前茅。

做任何工作都有變數與挫折，獵才顧問面對客戶、人選與執案的「不確定性」，無時無刻不在與挑戰及壓力共處。

104的「門口公布欄」上，曾經出現一則以美國職棒選手鈴木一朗為主角的公告。這位享譽體壇的安打王，為什麼面對投手擲出的各種球路，都能擊出安打？他靠的不是胡亂揮棒，而是每天不間斷、扎實的自我練習。

景氣循序的過程中，許多顧問業績亮眼、打敗大盤，而多數顧問則兵敗如山倒。看看鈴木一朗的例子，就知道問題出在哪裡。

凡事「沒有奇蹟，只有累積」，建立良好習慣的力量，無與倫比。

許多上班族嚮往較一般上班族更為獨立自由的獵才顧問工作，然而他們往往忽略了要得到信任與自由的前提是「承擔責任」。

猶太拉比亞伯拉罕・伊本・伊茲拉（Abraham Ibn Ezra）曾說過一句智慧名言：「我從沒見過一隻熟睡的貓，嘴邊躺著一隻老鼠。」

別讓負面思維，阻礙前進的步伐

業務工作需要獨立、果斷、堅持、靈活權變的特質。因此，從事業務工作的上班族，通常自我意識較為強烈、個性不易妥協，處事態度有相對多元的因應標準，所以在工作溝通與整合共識上，需耗費更多的心力。

經常聽聞各行各業以業務掛帥的企業組織中，業務都是橫著走路，因為辦公室其他部門的人員，都靠業務賺錢來養活他們。

這雖不是正確的觀念與想法，卻是多數業務人員潛藏的意念。他們認為業績就是王道，其他的事務都得靠邊站。

同屬業務性質，獵才顧問全力打拚績效，也會因為業績的壓力及執案的挫折，滋生很多的負面情緒，最常見的狀況有下列幾項：

1. 抱怨客戶：

非誠心使用獵才，安排面談推三阻四、聯繫溝通困難。此外，訂定「神規格」的用人標準、人才條件更改頻仍、人選年薪低於市場行情。

2. 批評拒絕錄取的人選：

未誠實告知意願、罔顧獵才的努力，讓顧問投入精力苦心耕耘，好不容易煮熟的鴨子（成交案件），因為人選有其他的選擇而化為烏有。

3. 抱怨環境：

經濟景氣不佳、產業營運影響招聘市場、企業獵才需求不振、人選轉職意願低，業績難以拓展。

4. 抱怨主管與團隊：

設定目標太高、相關支援不足、工作規範不合理，抗拒管理與監督。

在社會與職場中，面對困難與挑戰，最容易的事就是批評與抱怨。人們經常陷入「歸罪於人」的情境中，編織理由來混淆事實，並將責任甩給除了自己以外的所有對象與事件。

組織中如果出現了負面思考、挑撥離間的同仁，絕對是團隊的危機，不僅影響個人績效與工作氣氛，也會衝擊管理效能與企業文化。

無法延續熱情，你的獵才顧問生涯就會終止

May從人資轉獵才顧問，她總是在安靜的辦公室中大聲的與客戶溝通人才規格，同時研討後續的面談事宜。然而不斷的推薦失敗及反覆的挫折，原本宏亮、熱情的聲音，逐漸變得有氣無力，她不再願意深入探討人選不能符合企業需求的原因，也認為企業的拒絕是不斷刁難的行為。甚至，她嚴重懷疑多數的案件，客戶並沒有真正委辦的誠意，要求人才條件嚴苛，又無法提供符合市場行情的薪水，或者，只是利用顧問的推薦人選，做為衡量企業招募人才的標準。

她的顧問生涯開始變得消極被動、得過且過。對她而言，這份具有高度挑戰及必須對人懷抱熱情的工作，成為一個可以依照自己工作節奏，準時下班的差事，周而復始、不求成果的機械式動作。最終，她離開了工作崗位。

許多獵才顧問會淪落到瞎子摸象、亂槍打鳥、靠運氣成案的場景，不願意花時間研討及思考，什麼樣的人選才能符合企業的需求。一旦顧問沉淪到「過一天算一天」的負面心態，就無法善盡對企業與人選的責任與義務。

獵才顧問的成功方程式

日本著名企業家稻盛和夫提出的人生方程式，值得上班族朋友與獵才從業人員參考：

工作成果與成就＝思維態度 × 能力 × 努力

稻盛和夫詮釋其中意涵，能力與努力占比為1到100分，即使因人而異，但都是正數。然而，思維態度則是從－100分到＋100分，如果沒有正向思考的觀念，那麼，三項指標相乘的結果，工作的成果及成就就會呈現負向循環。

稻盛和夫一生努力經營事業，被譽為日本的「經營之聖」，藉由他的觀察體會，將上班族區分為三種人：

1. **自燃型人才：**能自發主動，全力以赴、對成功有強烈渴望，能達成超越期待的目標。同時，可以讓能量產生漩渦，影響帶動其他人。
2. **可燃型人才：**只要點火，就能引燃。可被積極正向的個人與團隊帶動成長。
3. **不燃型人才：**內心冷漠，充滿負能量，也會向外潑冷水，除了個人不會成功之外，也會成為團隊的包袱與麻煩。

稻盛和夫認為：「一流人才，一出生即擁有追求成功的熊熊烈火，但一般人都不是一流人才。二流人才，必須自己尋求火種，而火種就是壓力，並懂得『化壓力為動力』，這就是成功的火種。」

失敗的人遇到壓力就臣服，成功的人遇到壓力會變成動力。

把工作做到值得尊敬

104是台灣招聘與人力資源服務的龍頭企業，在公益活動的推動上，更是不遺餘力。

104推出一系列「掌聲」「大人物」等影片，都在訴說社會各階層發生在你我身旁的小故事。這些孜孜不倦、積極正向、精益求精的真實案例，充分展現淬鍊心志、自我成長、助人為樂的人生志業。

獵才顧問應秉持利他精神，達到客戶、人選及顧問的三贏局面。「104掌聲」影片結尾的一句話，讓我們看到邁向成功的關鍵心法：「值得尊敬的不是你做什麼，而是把什麼做到值得尊敬。」

4-3 君心難測——獵才顧問面對的難解習題

開始探討獵才作業的詳細內容之前，先以幾個例子來描述企業經營者在任用人才的心態與思維，除了彰顯獵才商模難以預料的實況外，也提醒上班族朋友，平常心看待求職轉職的階段性成敗。

只有不斷加強自己的實力與展現績效，才能在職涯舞台上創造長久的競爭優勢，並得到伯樂的重用與賞識。

舊識人選打敗專業經理人

一位3C連鎖通路企業的董事長，約我在君悅飯店見面，共同研討未來集團總經理的人選招聘條件。在三個月間，我們多次碰面討論，希望能從公司設定的經營方向中找出理想的人選規格。

這位董事長白手起家，共同創業的夥伴都已年近花甲，董事會決定採行專業經理人制度，來延續企業的發展。

最後，訂出了未來總經理的三項重要責任與能力。第一，須能維持目前營運的有機成長（董事長自知沒有新的策略與方法，企業不可能大幅前進）；第二，要能做好人才培訓的工作，提昇組織人力的素質；第三，必須規畫企業長期發展的目標與策略，同時有效的執行。

這樣的期待，結合熟悉3C產品、連鎖通路及洞悉競業運作的人才，在搜尋人選上有很高的難度。

顧問推薦了多位具備兩岸相關產業經驗的「總字輩」人選，都未獲董事長垂青。

最後，幾番周折，這個總經理的職缺，由董事長的舊識接任——一位精通統計技術，卻並非業界的人士；因為信任及故舊的優勢，這位人選打敗了眾多的候選人，出線擔綱重任。

許多的獵才案件，即使對焦企業釋出的規格條件，最後仍會有戲劇性的變化，完全背離原先設定的標準與方向，這樣的情景在獵才工作中不勝枚舉。

企業經營者與主管的用人風格、個人好惡及隨時變化的想法，終究會讓獵才顧問白忙一場，前功盡棄。

老闆的想法變化莫測、難以捉摸，因此，從事獵才工作，如果不能從工作中找到成長學習的養分及前進的動力，一定會被挫折打敗，並在獵才工作中敗下陣來。

企業主用人決心不足，獵才作業無功而返

中部的一家傳統製造業，總經理連續三年都請秘

書致電104獵才，派員南下，洽談招聘總經理接班人的議題。每次晤談，總經理都強調自己投入公司達30年，必須加快交班的腳步，以免產生管理的斷層。

這家公司的產品屬於寡占市場，由於許多同業陸續退出，公司「不退反進」，積極延攬日籍退休技師協助精進研發技術，因此，非但沒有淪入夕陽產業的泥沼，反而成為該產品全球排名第一的供應商。歐美的家居市場，是主要的營收來源。

承辦的獵才顧問，3年來推薦了多位學養俱優的總經理候選人，在安排多次面談後都得到企業的肯定，但終究無法雀屏中選。

因為，總經理始終無法卸下經營的擔子，即使有合適的人才，但交班的「決心」不夠，成為無法引進接班人的重要原因。

企業沒有想清楚用人的決策，就委託獵才顧問從事搜尋、推薦人才，終究企業、人選與顧問三方只會落得窮忙的下場。

十年過去了，這位企圖心強烈的總經理，依舊在崗位上執掌營運。看來，要落實接班人的想法，還得再等等。

避免人事紛爭，放棄引進人才

五股一家科技上市公司的董事長主動邀約我們去

訪，董事長與總經理親自接待，席間只有一位機要秘書在場，負責文件的準備，連人資都沒被邀請參加。

董事長語重心長的說：「我們公司經營40年了，處級以上的主管平均年資20年，工作穩定且稱職。」

我心想，這樣的公司為什麼要找獵才公司延攬人才？

他說：「由於工作穩定，因此大家的企圖心也日漸下滑，公司的發展與成長原地踏步、企業前景堪慮」。他希望找尋下一代的高階主管接班人，但又怕驚動現有人員。因此，私下將招募人才的原因及需求的職缺及條件，親自向我們說明。

他再三叮嚀我們要保密，千萬不要走漏了風聲，影響主管的士氣及組織氣氛。

各位可能認為，董事長與總經理在企業經營與主管接班的危機意識這麼強，這個獵才案件一定可以順利完成。

錯了！經營者雖然憂心人力老化，但是，目前公司營運穩定正常、風平浪靜。終究，為了避免衝擊人事及影響組織的生態，即使顧問努力推薦優秀人才，但是，董事長陷入左右為難、天人交戰的情境中。

因為經營者的猶豫不決，這宗獵才案件還是回到原點、無疾而終。

大海撈針，找「神規格」人才

內湖一家光電業上市公司的董事長，親自邀約3家獵才公司商討高階主管的人事問題。

在此之前，他為了高階主管未到位及幹部能力不足的狀況，屢屢疲於奔命、下海救火。他說：「光是放下身段為主管補位，就已經焦頭爛額、分身乏術了。」更重要的企業購併計畫，只能暫時擱在一邊。

他心急如焚，因為商機稍縱即逝。因此，不得不親自出馬與獵才顧問商討招募主管的條件與進度，期待盡快延攬好手加入團隊，讓各部門的工作步入正軌，結束自己越廚代庖的現象。

需求人才的條件很嚴苛，設定招聘的「經營主管」必須是財務背景（有會計師執照）又熟稔光電相關產品的技術與製程。

這可難倒了顧問。「財會」與「理工」兩種不同的專業，要結合在一個人身上，難怪這家公司遍尋人才市場，始終無法覓得心目中的理想人選。

董事長雖然急著延攬能夠分憂解勞、獨當一面的高階主管；但是，高難度的人才規格條件，讓案件執行的難度倍增。

獵才顧問在執案中，面對企業經營者高規格的人才條件及朝令夕改、朝三暮四的百變思維，一般顧問遇到這樣的情況，絕對是暈頭轉向、難以招架。

只有身經百戰、經驗老道的資深顧問，才能在詭譎多變的狀況中，冷靜理性的抽絲剝繭，重新釐清、調整需求，並與老闆溝通獵才的共識，才能鍥而不捨的讓獵才案件峰迴路轉，提昇完成案件的成功機會。

4-4 被企業拒絕的獵才顧問

獵才商模的蓬勃發展，吸引了眾多各行各業的上班族投入。但是，熟悉獵才作業的人都清楚，這是一份融合產業趨勢、產品專業及業務特質與對「人」有高度敏感度與觀察力，並結合企業招聘、人才職涯發展的多元能力整合工作。

除了與生俱來的特質，還需要不斷的成長與學習，加上自律、不放棄的精神，才能在獵才行業中有一席之地。

許多獵才顧問在嚴格的市場淘汰賽中敗下陣來，哪些顧問會被客戶拒於門外？以下心得與大家分享。

我是你的客戶，不是你的部屬

獵才顧問身經百戰，在招聘作業上充滿專業與自信，但也是因為這樣的原因，許多顧問會不自覺的加入太多自己的意見與看法，導致企業人資很反感。

具備外商人資主管資歷的獵才顧問，在電話中指導及教育關於招募的知識與經驗，由於語氣太過強勢，因此企業發信客訴。這位年輕人資說：「我是你們的客戶，不是顧問的部屬。」

提醒獵才顧問，要能謹守專業溝通的分際，也要特別注意互動的態度與語氣。

亂槍打鳥，非顧問風範

許多人資反應業界獵才顧問的專業素養參差不齊，尤其是不認真的顧問，既不懂產業知識、也沒搞清楚人才的規格，捉住幾個關鍵字，就胡亂搜尋、推薦人選。企業最終秒回拒絕，這樣的顧問會損及獵才顧問的專業形象。

過度包裝人選，企業傻眼

找工作是一個自我包裝及行銷的過程，而顧問身為人選的經紀人，有責任展現人才的績效與優勢。此外，獵才顧問要兼顧企業與人才的立場，如果過度包裝人選的資歷背景及能力，或是哄抬人選的身價，一定會導致三輸的結局。

一位獵才顧問為了賺取高額佣金，將人選的年薪從200萬提昇到300萬元，企業因信賴顧問而錄用了人選。一段時間後，發現新進主管的能力不值300萬元。

經過調查，發現顧問刻意拉高了人選的年薪，結局是人才被請走，企業追討退回服務差價，而這家獵才公司也被列為拒絕往來戶。

只接大案，不接小案

這是獵才業界常被企業詬病的現象。由於獵才的服務費是以年薪來計算，精明的獵才顧問為了爭取獎金及快速達成業績目標，自然會以承做年薪高的大案為主，而刻意忽視較低年薪的小案件。

這可惹惱了企業人資，因為許多年薪在80萬至100萬元的職缺，例如，工程師、社群行銷、業務人員、生管、品保、資材等等關鍵人才，企業更需要快速補足。

如果碰上了只願做高年薪案件的顧問，那麼，這些企業重視的獵才標的，只會被擱在一旁。時日一久，企業會淘汰這類「唯利是圖」的顧問。

奉勸所有的獵才顧問，面對大小案件，都要秉持服務的精神，一視同仁的努力為客戶找「對」人才。只有與客戶站在同一戰線上，竭力完成每個委辦的獵才案件，才能深耕客戶、擴大基本盤客源，確保長期的業績。

服務態度不佳、溝通協調不到位

獵才顧問要面對不同特性的客戶，有些客戶必須每天聯絡，回報或撰寫招募進度；有些客戶不希望被過度打擾，沒事請顧問別聯絡，希望掌握合作的主導權。

因此，經過千錘百鍊的顧問，必須隨機調整溝通及互動的頻度與方法，稍有不慎，可能觸怒客戶、影響案件的進行，也損及人選的工作機會。

獵才顧問是一份經營人脈的工作，必須有相對較高的人際互動敏銳度。絕佳的溝通協調能力，是必要的特質與技能。

誠信是不敗基石

統一集團創辦人高清愿曾說：「有德無才，其才可用；有才無德，其才不可用。」

護國神山台積電，將「誠信」列最為企業經營及考核員工的最重要準則。創辦人張忠謀屢屢闡述誠信的重要性，更身體力行，奉行不渝。

獵才顧問受企業委託，主動出擊找尋「對」的人才，藉由人脈及專業，在服務企業及人選的過程中，不論在資訊傳達、溝通協調、薪酬談判、聘用決策等作業，都應以「誠信」為最高的奉行準則。

4-5 獵才顧問的職涯發展

上班族選擇工作，有5個考量因素：個人成長、合理報酬、產業前景、晉升機會與工作價值。

學有專精的上班族在經歷產業的洗禮及職場的歷練後，因緣際會投入獵才的工作領域，在評估的過程中，會審酌各項因素才轉換跑道。

獵才顧問是以招募中高階人才為標的的業務工作，這樣的屬性，包含了人力資源及業務兩個主要範疇。人力資源是21世紀企業經營的顯學，所有的公司都將人力資源的發展視為攸關組織成敗的關鍵。

業務工作則像大海的浪濤，必須頂著狂風暴雨前進，才能激起澎湃美麗的浪花；產品與服務的推廣，也要歷經客戶與市場的無情洗禮，才能突圍成長。

各行各業的銷售人員與獵才顧問，必須在業務的本質中，塑造服務的價值。「成王敗寇」雖是慘酷的現實，在血流成河、前仆後繼的遊戲規則中，也淬鍊出難以取代的職場競爭力。

細部拆解獵才顧問的工作內涵，下頁表詮釋個人的發展藍圖。

工作範疇	工作內涵	職涯發展機會
經營管理	企業經營管理 公司組織規畫與發展策略	以獵才顧問為職志 公司人資專員及人資主管 其他業務工作 訓練講師 職涯作家 獨立工作者
人力資源	人才市場趨勢與動態 企業人力需求 履歷撰寫及面試技巧 上班族職涯發展 職場競爭力塑造	
業務與行政	開發與經營（管理）客戶 業務談判 搜尋人選及建立人脈 承擔業績責任 文稿撰寫及行政作業	
社群經營及行銷	經營社群 建立個人品牌形象	
軟實力	時間管理 溝通協調 壓力調適 正向思維 學習成長	

鴻海創辦人郭台銘白手起家，建立了全球最大的代工帝國，他曾闡述個人的職涯規畫：「我的人生概分為三個階段：25歲到45歲，為錢做事；45歲到65歲是另一個階段，為理想做事；65歲以後，我希望能為興趣做事。為錢做事容易累，為理想做事能夠耐風寒，為興趣做事則永不倦怠。」

獵才顧問以「人」為中心，基於「人脈愈陳愈香」的特性，這是一個可以長久經營的工作，如果能進入郭董所提出的職涯境界，將工作與興趣相結合，就能達到「歡喜做、甘願受」的境界，在高挑戰性的工作中「迎難而上、樂在工作」。

已故美國白宮女記者海倫・湯瑪斯（Helen Thomas）一輩子從事記者工作，曾經採訪過美國十任總統，白宮記者室有她專屬的位置，以彰顯她的成就。

海倫・湯瑪斯曾說：「我熱愛我的工作，我自認很幸運，能選到讓我自己每天都將上班視為享受的職業。」

如果獵才顧問能視工作為職志，台灣獵才產業的發展一定無可限量。

獵才工作可以是長遠的旅程，也可能是職涯中短暫的區間車。分享一個顧問離開團隊的小故事。

不適任獵才顧問，仍有寬廣的天空

John是名校畢業的陽光大男孩，35歲未婚，體形壯碩，卻有著柔軟的身段與憨厚的臉龐，散發一股給人信任、安定人心的氣質。他滿懷熱情與壯志，帶著10年產業經驗進入104獵才團隊，每天他都努力投入工作，下班後依然可以看見他龐大的身軀，塞在稍嫌狹窄的辦公座椅，不斷的搜尋及聯絡人選。

然而，由於不能有效開發客戶，推薦的人才也無法得到客戶的青睞，半年後，他難過的離開滿懷憧憬的獵才崗位。

送他離開時，他伸出厚實的手掌，與我握手道別，傷心的流下男兒淚，也自慚沒能幫上忙。我可以感受到他的悲傷，是來自無法克服客戶與人選高變動性的挑戰，不能適任這份嚮往的工作，而虛度了一段空白的職涯旅程。

與大多數默默離開的同仁而言，John的至情至性及勇於接受失敗的務實態度，更讓我感動與惋惜。

後來他進入了科技服務業，這一段失敗的經驗，並沒有阻礙John職涯中繼續前進的步伐。

善用獵才經驗，變身企業人資主管

Lynn是負責民生消費領域的獵才顧問，親切和藹的個性及甜美的笑容，讓客戶與人選都喜歡她，在餐飲服務業有很多死忠的客戶。她與企業用人主管及人資保持很好的互動關係，在告別獵才的工作後，很快就被客戶網羅擔任人資主管，開啟了另一段精彩的工作旅程。

高強度的獵才工作，讓從業人員擁有招募的精湛技能，這也是顧問離開崗位後，紛紛轉往企業人資單位任職的原因。

分享職涯競爭力，成就網紅職涯

Seven擁有專業講師的認證，他投入獵才工作多年後，將工作上的體認與觀察拍攝成短片，在網路上分享。從一個拍片素人，藉由學習相關專業，包括規畫內容、撰寫腳本、拍攝錄製、剪輯影音、增添素材、網路行銷，打造自己的網紅跨域職涯。他的努力獲得了廣大的好評，也讓他成為具有網紅身分的獵才顧問。

幫助別人，也為自己充電

Shirley在忙碌的工作之餘，仍風塵僕僕的前往各高中及大專院校與年輕學子分享職場的心得，鼓勵同學將學習與未來的工作相結合，達到「學用合一」的目的。

她樂此不疲，同時也在扮演不同的角色、擔任傳承者的同時，為自己的職場蓄積動能。

她說：「付出除了能帶給別人收獲以外，真正受益最大的是自己。」因為這種幫助人的成就感，驅動自己更有活力投入獵才的工作。

這樣的正向循環，讓工作與人生的意義及價值充分結合與展現。

人才顧問的多元專業發展

藉由獵才商模，能夠衍生的專業能力與職涯發展

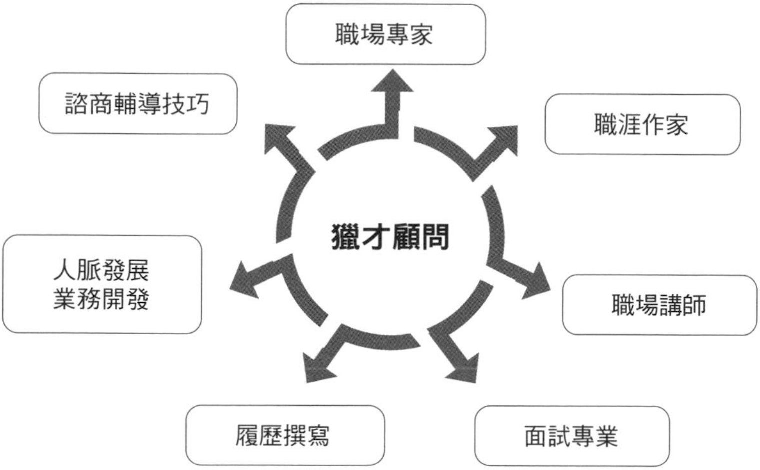

獵才顧問

職場專家

職涯作家

職場講師

面試專業

履歷撰寫

人脈發展
業務開發

諮商輔導技巧

考取「就業服務乙級證照」，為顧問專業加分。

CHAPTER 5
獵才顧問的作業流程

5-1 發掘有獵才需求的客戶

獵才商模主要是為企業延攬中高階主管與關鍵人才，同時服務費以年薪來計算，所以在人才服務市場上，屬於區隔性的小眾市場，也因為這個特性，開發「有獵才需求」的客戶，是顧問成功的關鍵因素。

獵才的同業中，概略可分為兩種組織模式，一種是顧問從開發客戶、搜尋人選，到人才推薦、人選到職「一條龍」的獨立執案模式。另一種則是區分開發客戶與案件執行的兩階段作業，分由不同的顧問或團隊來執行，也有由公司提供案件，由助理負責搜尋聯絡人選，再由顧問統籌和客戶與人選溝通細節。

這些作業模式的設計，有獨立作業及專業分工的考量，也有獵才公司不願讓員工掌握客戶與人選資料的經營保密思維。

兩者各有優缺點，端看組織的資源與工作的規畫及設計而定。

104因為擁有高度的品牌識別度、龐大的人才庫、完善的顧問作業平台及相互支援的組織架構，且顧問多半具備10年以上的產業經驗，所以採取由開發到結案的「一條龍」工作模式，獵才顧問可以藉由開發新客、舊客call回及公司的分案資源，取得足夠的客戶與案源，來努力經營自己的基本盤客戶。

860萬（不重複）的會員人才庫，更較同業有絕佳的競爭優勢，此種完整執案的運作模式，可以減少溝通的限制與障礙，也能讓客戶經營、案件承做的責任與事權統一，加速案件的進行，同時在績效的認定及獎金的核算與分配上公平合理。然而，缺點是要避免顧問產生盲點與怠惰，因此必須佐以管理作業及案件合作的機制來補強制度的不足。

獵才顧問是一份業務的工作，因此，開發、接觸客戶是最重要的步驟，如果不能有紀律的保持開發動能，顧問就會因為沒有足夠的委辦客戶與案件而坐困愁城、坐以待斃。

在帶領團隊的經驗中，50%陣亡的顧問，多半是沒有足夠的客戶與委辦案件，因此，如果你沒有長期發掘、接觸客戶的能力與意願，不能持續貫徹開發的精神與執行力，請不要輕易投入獵才的行列。或是你只想進行執案，不想開發，終究無法成為具備獨立作業、綜覽全局、有效滿足客戶與人才需求的專業顧問。

許多顧問很苦惱，不知道如何開發小眾市場的客戶群，或是亂槍打鳥，被無效客戶耍得團團轉。這只會讓自己像個無頭蒼蠅一樣橫衝直撞，搞得精神疲憊且成效不彰。

獵才商模的本質是「人脈經營」，顧問要能找到可以借力使力的助力，以達到引薦獵才客戶的目的，而不是採用傳統狂Call客戶或掃街的行為。

此外，許多獵才團隊為了爭搶客戶，主管、顧問割據地盤、爭奪資源，搞得組織紛擾、內耗嚴重。

大家「不要在沙漠裡找綠洲，而要找到離開沙漠的方法」，廣大的客戶群都在市場上，努力服務並創造客戶的滿意度、擴大獵才的版圖，才是獵才組織可長可久的康莊大道。

以下提供獵才開發客戶的管道與方法，供大家省思與參考。

服務好現在的客戶，就是最好的開發方式

大家都知道「水桶蓄水」的理論，進水要比出水多，水桶的水位才能不斷的升高。獵才顧問最佳的開發方式，就是全力做好現有客戶的服務，不論案件是否成交，都必須全力以赴。客戶的認同與口碑就是積累客戶的最佳方式，因為這些用心經營的苦功，都會為未來帶來甜美的果實。

Wendy回憶7年前投入獵才顧問的場景，既不熟悉商模，也沒有客戶，她不斷的投入開發的作業，同時勤跑廠商，現在她天天被客戶追著跑，客戶也不斷的為她介紹新客戶。她的案件源源不絕，業績也水漲

船高。

她很有客戶緣，客戶也喜歡她誠懇、認真、開朗、熱忱的個性。她與客戶維持良好的互動，絲毫不以開發為苦，反而能享受與客戶互動、協助人資解決招募難題的成就感。

如果Wendy沒有秉持廣結善緣、不放棄案件的態度，她一定會跟多數的獵才顧問一樣，天天煩惱沒有客戶。

Kelly加入104獵才團隊一年的時間，藉由科技產業行銷業務的工作經驗，很快獲得客戶的高度認同，再加上勤於與用人主管及人資互動，也能推薦符合企業需求的人才，客戶對她的工作表現給予很高的評價。

她很開心的分享，在眾多的競爭同業中，她是唯一接獲邀請參加聖誕晚會的顧問，客戶把Kelly視為人資的夥伴，也證明了顧問的同理心與行動力，是成功敲開客戶心扉的不二法門。

企業人資具有群聚性，「樂於分享」是人資從業人員共同的DNA，所以不論是從事教育訓練、測評工具、人資系統、獵才招聘等人資相關的產品及服務的推廣工作，只要盡心盡力做好服務，一定能得到肯定及引薦的機會。

查看網路刊登的高階職缺，做為開發獵才客戶的參考

人力銀行與104獵才，已可藉由大數據演算，判讀出哪些客戶有較高的獵才傾向，讓客服同仁及顧問可以精準的投入開發。如果在人力網站刊登的職缺已有一段時日，又沒有足夠的主動應徵人選，排除長期刊登的「萬年職缺」後，都是可以探詢客戶是否有意選擇獵才進行招聘作業。

參加人資社團或相關論壇，與人資人員及用人主管接觸交流

Fanny畢業於知名國立大學人資所，舉凡人資社群舉辦的各類活動，她都熱心投入，甚至她會積極熱心的協調借用公司的會議室供假日的講座使用，社團中人人都喜歡她，所以這數百位人資同儕，都成為她取得獵才客戶的重要樁腳。

Ben畢業於頂尖的國立科技大學，他藉由參與校友會的各項活動，成功得到團隊成員的支持，取得承做獵才案件的機會，他更積極協助校友轉換工作舞台。

獵才工作是一個「善」的循環，只要心存幫助的意念，處

處都有「自助、人助」、水到渠成的業務商機。

另一個值得分享的經驗：

> 我曾經參與新竹人資主管的聚會，那次的活動多達百人與會，會後餐宴席開12桌，有競爭同業的獵才顧問大方的逐桌交換名片，廣結人脈，爭取獵才合作的機會。

我多麼希望這位顧問能加入104的陣營，她落落大方與主動出擊的行動力，成為會場的焦點，也讓她與新竹地區的人資主管有了直接互動的經驗。我相信，她一定能得到很多客戶的青睞，並帶來合作的機會。

經營社群，彰顯獵才專業

Fanny是104負責招募工程師的顧問，她的Linkedin社群已連結了數萬人，她不吝惜的將獵才的經驗及知識分享給好友，同時也將績效卓著、獲部門頒獎表揚的榮耀與照片PO在網站中，得到很多粉絲的鼓勵與肯定。

她努力經營工程師的族群，讓人脈源源不絕，也藉由成功推薦給客戶專業的工程研發人員，得到了好業績。幾家上市公司的年度獵才預算全數都被Fanny用完，她備受客戶肯定，也是社群中協助工程師轉職的好幫手。

與人選面談時，詢問「曾被推薦過的廠商與職缺」

這是得到有效客戶的好方法。

據104的調查報告，中高階主管有近七成都曾與獵才顧問接觸過，因此，在面談時隨口的一句詢問，就可以得到客戶的資訊。若是人選願意加以引薦，更是如虎添翼。

很多顧問都曾分享，在面談高階人選的過程中，即使未能促使案件成交，但是，人選會將目前任職公司的獵才案件，交予顧問來承做。

與求職者互動、又能獲取商機是一舉兩得的好方法，獵才顧問們一定要把握。

從報章雜誌，發掘獵才商機

媒體報導企業二代接班、轉型升級、跨界發展、海外設廠等訊息的企業，多半會因為專業人才不足，而考量運用獵才的模式來快速補充主管人才。

Shirley分享在中南部拜訪客戶的觀察，她說：「最近跑客戶，經常發現在與資深用人主管討論人才需求規格時，有年輕的主管與會，一問之下，才發現這些年輕的與會者，都是二代接班人，他們急於延攬生力軍，來接替老臣及組建新的經營班底。」

二代經營者，幾乎都有國外留學的經驗，因此觀念開放，能接受獵才的商模，也對廣納人才有高度興趣。這是戰後嬰兒潮逐漸退出第一線時，獵才顧問的絕佳契機。

人才是企業上市櫃的大補帖

準備IPO的中小企業，為了強化人力資源及經營管理，往往希望從同業的上市櫃公司中延攬有即戰力的主管投入，以快速提昇競爭優勢，這也是企業使用獵才服務，招募好手常見的時機。

我曾經多次與顧問拜訪準備IPO的企業，這些中小企業的老闆，清一色都是黑手起家，沒有好學歷，管理的觀念與作為也很傳統，但在規畫上市、上櫃前，會計師或輔導券商會建議經營者：「為了讓經營團隊有亮點及前瞻性，須網羅同業上市公司的主管加入陣營，以營造企業的未來發展性。」

由於IPO在即，企業需才孔亟，老闆也樂於祭出高薪與股票，來吸引同業的好手加入。即將上市櫃的企業，有著極大的誘因，足以獲得大公司主管的青睞。

因為對於人選而言，公司IPO是千載難逢、創造舞台及財富的機會，很多優秀主管對於這樣的職缺，有極高的投入意願。

我很開心，這些順利上市櫃的中小企業，都是由104獵才成功推薦人才，促使公司朝向公開發行及上市的道路前進。看到這些促進台灣經濟發展的生力軍，股價屢創新高、遷建宏偉的企業總部大樓，我們雖是幕後英雄，但也與有榮焉。

客戶介紹客戶，創造良性循環

與各行各業的業務人員一樣，能滿足客戶的需求，找到「對」的人才，獵才顧問的專業形象及績效，一定能讓你在業界成為一位爭相傳頌的專業顧問。

優秀的獵才顧問經常會接到企業人資的來電，這些主動上門的客戶，都會說是「某某客戶」介紹的，相信顧問聽到這樣的訊息，一定是既欣慰、又有成就感，因為自己的努力得到了肯定。

客戶不足的顧問，其實應該想一想：「為什麼服務過的客戶，沒有為自己介紹客戶？」

經驗與知識分享，廣邀人資與會

藉由實體及線上的講座，分享獵才相關知識與成功案例，會引發有相同需求客戶的認同，得到服務的機會。

104獵才長期開辦「人資十堂課」，邀請獵才顧問及經驗豐富的人資主管，分享人力資源的相關議題；同時也藉由北、中、南的巡迴講座，將對人才市場的觀察與招募、留才的經驗廣為宣揚。近年來由於疫情因素，將實體活動轉為線上的論壇，也受到人資及用人主管的歡迎。

2023年104獵才推出「獵才給人才的100堂課」線上影音，由顧問擔綱演出，期待將工作經驗的實際案例分享給職場上班族，同時也提供強化個人專業競爭力與職涯發展的建議與心法。

這些案例及經驗的分享，有效提昇了獵才的品牌形象，也為我們帶來更多的客戶與商機。

成功故事引發共鳴，得到客戶的信服

104獵才的行銷同仁，會主動蒐集顧問的成功事例，同時抽絲剝繭、揭示成案重點，來闡述獵才優勢及顧問與客戶、人選合作的執案過程；同時，小編會貼心的將承辦顧問的小檔案揭示在官網及電子報中，協助顧問爭取客戶支持。

許多獵才檯面下的精彩故事，除了能讓企業了解顧問的努力與價值，也能為鴨子划水的幕後英雄創造榮耀與成就感。

開發客戶對於獵才顧問至關重要，如果能集中火力瞄準類似領域的產業，更可以讓手邊的人選有效運用，增加成功到職的機會；同時也能建立自己的專業識別度。

獵才是分眾市場，較刊登網路廣告的客戶相對稀少，「池中的魚不多，要有成果，就得不斷的拋餌」。

推廣獵才商模的動作不能停歇，顧問要有行動力，不要拿不擅開發當藉口，「開始才會變厲害，不是很厲害才開始」。

5-2 為什麼獵才顧問無法積累客戶？

許多獵才顧問始終無法累積客戶，原因如下。

獵才顧問無法持續服務客戶，案件失敗是致命原因

顧問推薦的人選與企業無法修成正果，不論是在保證期內離職，或是在任職期間出現了誠信、溝通、績效等問題，這都會讓企業、人才與獵才顧問面臨三輸的局面。

客戶耗費心力及金錢，卻無法達到「人盡其才」的目的，經營者及高階主管會對獵才的商模產生質疑，同時也阻斷再使用的動機。

然而，獵才顧問也有話要說，顧問花費心力尋覓的人選，必須經過公司人資、用人主管、甚至總經理的層層審核，過五關斬六將，才得以登堂入室、進入組織，如果將獵才失敗的原因完全歸責於顧問，顯然不盡公平。

這是一個複雜且難解的習題，在獵才的服務過程中，大家都不願發生這樣的結果，如果讓客戶失去對獵才商模及顧問的信心，除了有違企業獵才的初衷，加上到職人選短期異動，必須重新面臨謀職的挑戰，不僅顧問白忙一場，也落得企業及人選抱怨的窘境。這真是一個悲慘且令人難過、痛心的結局。

依照統計及經驗，約有3%的案件會陷入這樣的情況，獵

才顧問們一定要審慎面對與處理，才不會賠了夫人又折兵。

多數客戶不會有經常性的獵才需求

顧問對於這些「一案客戶」，或是偶有獵才需求的客戶，往往是「打了就跑」，沒有持續經營的動力。因此，客戶也不會對顧問有忠誠度。

短視近利，是這類型顧問的忠實寫照，沒有廣結善緣、長期經營客戶的信念與態度，自然無法累積有效客戶的水池。

案件愈來愈難，顧問放棄客戶

獵才案件所欲網羅的人才，規格絕對是高難度的，很多顧問抱持炒短線的心態，沒有深耕客戶的打算，遇到人選條件嚴苛的案件就會刻意閃躲，不願費心與客戶溝通及投入心力尋覓符合的人選，終究會與客戶漸行漸遠。好不容易曾經成交的客戶，就會拱手讓給有企圖心及願意挑戰不可能的競爭者。

唯利是圖的顧問，客戶終會看穿你

獵才的高額服務費與優渥獎金，是許多顧問投入此工作的原因之一，但是，如果過於在意金錢，沒有考量客戶與人選的立場與權益，客戶一定會在吃虧後，將你拒於門外。例如，有些顧問會刻意拉高人選的年薪，以賺取更高的服務報酬，或是為了年薪的定義及服務費率與客戶斤斤計較。最終，客戶一定會移情別戀，找尋新的合作夥伴。

怠惰懶散，沒有行動力

獵才服務屬於線下的實體商模，勤於與客戶及人選見面互動，是最有效拓展人脈的方法。大多數公司，在人力銀行等不到適合的求職者，或是人才需求條件甚高，不易在人才市場中獲取，才會尋求獵才顧問的協助。因此，一位稱職的獵才顧問，必須不停歇的與客戶及人才做「面對面」的拜訪與接觸，才能得到真確詳實的資訊，達到為企業「找對人」的使命。

如果，獵才顧問因為缺乏工作熱情，或是怠惰懶散，失去了與客戶及人選密切接觸的行動力，你的客戶一定會被其他行動力強的顧問捷足先登。

企業獵才需求，並非獨家委託

獵才行業競爭劇烈，因此，客戶有獵才需求，在簽約無需付費的前提下，將招募案件同時委託給3、5家獵才機構的情況十分普遍。此外，有經常性需求的客戶，也會考核顧問的專業素養、推薦數量及成交的件數，以評價獵才公司的績效。

如果獵才顧問不能與時俱進、做好服務，同時成功為企業找到理想人才，客戶終究會棄你而去。

Sulvia負責電子代工大廠的獵才案件，她與集團中各產品事業群的人資互動密切，同時也非常清楚各部門主管的用人風格。在業界望而興歎、公認難以成交的這家知名企業，Sulvia屢屢創下人選成功到職的紀錄，連客戶都感受到她精準遴選人才的功力，對於她傲視群倫的優異表現，更準備頒發獎狀來表示敬佩與感謝。

有效經營客戶，客戶會指名服務

獵才顧問必須有高度的工作熱忱與服務態度，否則不斷會有新的同業顧問進攻你的客戶。

獵才的工作重點，是努力培養與客戶的互信度與長遠合作關係，客戶希望顧問能深入了解組織用人的特性及企業的文化。許多獵才顧問未付出耐心深耕客戶，導致無法積累客戶，終究會敗下陣來。

Shirley是一位擅長人脈經營的顧問，在執行案件之餘，會提供人力資源的相關諮詢服務，協助人資排難解惑，她甚至會分享自己的生活經驗，與同為媽媽的企業人資窗口共同研討育兒經，她的客戶都將她視為協助招募及分享生活點滴的好夥伴，並非只是單純的業務往來。曾經合作過的人資即使離開現職，到任新公司後，仍會指名要求Shirley服務。

就是這樣的好口碑，讓她永遠不缺客戶，此外，熱心的人資還不斷引薦新的客戶給她，讓Shirley在競爭劇烈的獵才市場中，憑著與客戶建立的好交情，永遠沒有缺案件的問題。

分享一個資深顧問「絕處求生」的案例。

在獵才圈足夠資深的夥伴們，一定還記得2009年金融風暴期間的慘況。百業蕭條、經濟重挫，所有經營者都看不到明天，在寒瑟的景氣下，獵才機構更是倒風頻傳，許多顧問含恨轉行，離開獵才市場。

然而104的資深獵才顧問Monica卻能夠靠著一家客戶，與經營者深入合作，創下年度500萬的業績。她在招募市場一灘死水的慘況下，展現了卓越顧問的韌性與實力。身為獵才顧問，不論外在環境如何險惡，必須克服萬難、努力突破景氣及自我的限制，創造企業與人才的合作機會。

檢視上班族的工作狀態會發現，許多人的熱情與動力，會依服務的時間而逐漸遞減，淪入「熟能生巧、巧能生懶、懶而生爛」的惡性循環中。

獵才顧問是一份持續保持高度行動力的工作，人脈的關係，著重線下實體的經營。如果變成了只用電話、視訊、社交媒體溝通的客服作為，就是顧問生涯逆轉、業績衰敗的起點。

5-3 客戶約訪

許多上班族投入獵才行業的初衷，是運用自己的專業經驗，投入為企業攬才的工作，並在了解人資、用人主管及經營者的用人理念與需求後，成功招募千里馬投入組織，成就人才、企業，也圓滿自己的顧問職涯。

約訪客戶的過程中，可以了解企業成敗的故事，也能知悉組織遴選高階主管的標準。這是一個讓人振奮且有趣的過程，每個客戶、每位老闆都有不同的經營觀念與用人哲學，與其互動的過程，讓我們永遠有新的發現與值得學習與挑戰的動力。

如果你也迷戀這樣的情境，這份與人才共舞的工作，每天都會讓你興奮的投入客戶與人選的互動中，讓不同的故事滋養人才媒合的企圖心與使命感，並支持你持續的排除萬難，向前挺進。

有幾段拜訪客戶的小故事，可以展現獵才顧問與客戶洽談的過程與情景，同時也彰顯企業經營者對高階主管的重視與期許，敘述於下，供大家參考。

高階人事、敏感中的敏感

一位人資主管打電話來，約定拜訪的時間，他細心的叮嚀顧問，前來公司時，應付總機人員的詢問，只需說是人資長的朋友，別說是104，更不可以提104獵才。企業對於人事及招募的議題十分敏感，他不希望我們的到訪，造成組織內部的風風雨雨。

有許多客戶甚至將研討獵才招募及人選的面談作業，安排在104的辦公室，或是公司以外的地點，就是不想引發人事的紛爭與遐想。

沒做好功課，別在客戶面前丟人現眼

記得有次拜訪從事飼料製造的企業，他們要找一位負責生產的廠長，以接替即將退休的主管。由於拜訪的行程十分緊湊，我們在行前只上網查了一下公司的背景資料，就匆匆前往。

公司的副總經理出面接待我們，他劈頭就問：「你們懂得飼料生產的知識與過程嗎？」顧問與我面面相覷，支支吾吾的答不上話。他臉色一沉，語帶責難的說：「那你們怎麼有能力幫我們公司找廠長？」

面對我們沒有做足功課，這位資深的前輩，很直接的點出客戶的憂心，畢竟如果不能深入了解客戶的產業與產品知識，很難為企業找「對」人才。

客戶大可以下逐客令，但是，他還是詳細說明了飼料生產的專業，其中許多化學與原料的知識，我們仍然「有聽，沒有懂」。這個案件，由於產業狹窄，且符合資格的人才稀缺，因此沒能完成任務。

但是，也因為這個例子，我經常提醒顧問，一定要在拜訪客戶之前做足功課，才能應對客戶的詢答。而遴聘出自產業背景的顧問，更會讓獵才任務事半功倍。因為只有與客戶有「相同的語言」，才能以專業獲取客戶的好感與信任。

空降主管必須自己活下來

我與顧問前往內湖拜訪一位上櫃公司的董事長，這位經營企業40年的老闆白手起家，刻滿風霜的臉龐上滿是自信與驕傲。這是多數胼手胝足、克服萬難的企業家共同的特質，這些老闆們凡事親力親為、果決獨斷，幹練精明且豪氣萬千。

董事長看著特別助理遞上的獵才合約，我一度以為他會開口殺價，畢竟許多老闆重視成本，將本求利、談判議價絕不手軟，這也是經營者最擅長的「做生意準則」。

沒想到，董事長竟開口說：「我不在意獵才的服務費率有多高，我只在意人選能做出什麼績效？」我大大的鬆了口氣，因為招募遴選的作業，如果淪入議價的氛圍，一定不會是好的開始。

這位經營者是「成果導向」的奉行者，一針見血的點出企業需要即戰力的目的。

董事長要求人選的條件十分嚴苛，除了學歷、年齡及出身背景都有要求之外，績效的設定也極具挑戰性，他要找一位能開拓海外市場的高階主管，人選的薪資「無上限」，端看候選人的條件與能力而定。

洽談的最後，他補充說：「這位高階人選，除了要具備相關的背景及具體的績效外，來到公司，在山頭林立的組織現況中，他要能自己活下來。」董事長表情嚴肅且斬釘截鐵的表示。

我接觸過的經營者對於空降主管的留任議題，有兩種極端的觀念與想法，一種老闆認為新進主管如果無法留任，大部分的責任需由經營者來承擔，因為不能為人才打造一個理想的環境、協助人才融入團隊，經營者責無旁貸。

另外一類，就像我拜訪的這位董事長，認為：「新進主管如果連適應新環境的韌性與能力都沒有，就不可能創造績效。」

企業找接班人，誠信、穩定最重要

4位白髮蒼蒼的企業創辦人，坐在高聳寬廣的鐵皮工廠中小小的辦公室。偌大的工作間裡，操作員們頂著酷熱的高溫，辛苦的切割及燒焊鐵皮。

裝潢樸實的會客室，和車間一樣，沒有裝設冷氣，4位長者都是汗衫短褲，只有我和顧問身著西裝、繫上領帶，在悶熱的空氣中，汗流浹背的說明獵才服務的相關內容。

4位公司董事，年輕時都是鐵工，合夥成立公司。經過多年的打拚，公司獲利很好，是業界知名的專業設備廠，股票上櫃，且股價接近200元。

他們覺得年齡漸長，已經年老力衰，希望將公司營運委託給專業經理人。他們祭出豐厚的薪酬、分紅及股票，期待獵才顧問能尋找具國際觀且誠信、穩定任職的人才，來領導企業向前走。

我很好奇，4位創辦人都已超過65歲，理應有成年的二代子女可以接班。尤其在家族企業盛行的台灣，為何還要找外人來接掌大位。

果不其然，他們都有子女，且均在海外名校深造。但是，卻沒有人願意接手這個傳統且辛苦的鐵工廠。他們有些留在國外工作，有些朝向更活潑有趣的藝術、音樂及設計領域發展。

這是二代接班問題的縮影，子女成長後，不見得會成為企業接班人，第一代創辦人也逐漸能接受「所有權」與「管理權」區隔的營運模式。

伺候霸氣老闆，身段柔軟是王道

食品集團的創辦人，既威嚴又霸氣，開會時所有兒女及媳婦、女婿都準時出席聽訓，即使第二代都已逾40歲，也都順利接班不同的集團子公司，這樣的儀式仍然沒有改變。

我與顧問身歷其境，參與高階主管的需求條件討論，創辦人暢談經營理念及集團前景的規畫，所有人都屏息聆聽，不敢有任何意見，他更是不假辭色的當眾指責子女的管理缺失與績效表現。

這個委託案件十分嚴峻，因為符合資格的人選既要有食品的專業背景，又要適應強悍經營者的管理風格，著實不易。

這個案件在顧問的穿梭努力下，終於成交報到，在顧問的耳提面命下，期待人選能夠快速與環境磨合、放緩身段，才能在威權管理的家族企業中發展。

禮遇人才，高中畢業生成跨國企業大老闆

開車到台中工業區，拜訪一位知名的餐飲連鎖品牌的經營者。笑臉迎人的老闆慎重的在門口迎接我們，他與重要高階主管一字排開，但都是滿嘴通紅、滿身菸味，足見檳榔及菸癮很大。

中南部公司的企業文化與北部大不相同，這家公司是典型重視年資與情分的傳統鄉土型組織，員工學歷不高，但工作很穩定。

創辦人跌跌撞撞的創業過程十分曲折，聆聽他高潮迭起的經營故事，很難與他的形象相互比擬。

然而，他的成功卻奠基在人才的經營，跟著他的員工與主管都忠心耿耿、一路追隨。

「敢用人」「用對人」是創辦人的成功關鍵。即使公司規模不大，他卻委託104獵才，招聘具有國際知名連鎖餐飲經驗、10年以上資歷的經理人。他肯支付高額的薪酬，同時禮遇人才，終於靠著善用專業人才及引進國際大廠的作業SOP，創造了企業的榮景。

這家小公司，目前已發展成跨國的企業。

獵才工作，成就美好姻緣

有一個溫馨有趣的故事，與承辦家族企業的獵才案件有關，與大家分享：

任職剛滿半年的顧問Marry突然提出離職的申請，大家都很意外，因為每天笑臉迎人、樂於助人的她，看不出有倦勤的徵兆。細談之下，才知道她要結婚了，夫家希望她能離開職場，到家族企業幫忙。

婚姻大事是好事一樁。但，怎麼會和獵才案件有關呢？

原來，締結這段良緣，是因為Marry承辦一家紡織公司的獵才案件，在與董事長洽談人選條件時發現，培養接班的兒子與父親經營理念不同，時常發生口角，甚至到了「不說話」的冷戰地步。

Marry好心為兩方調解，結果，與兒子譜出了戀曲，而未來的公公董事長，也十分欣賞擅長溝通協調及善體人意的獵才媳婦。

另一位畢業於國外名校的女性顧問，在為企業媒合高階主管的過程中，因為大量接觸人選，結果也與推薦的人選結成連理。

因為獵才業務而「嫁入豪門」及與人才締結良緣的佳話，

也為我們緊張、高壓的工作，增添了溫馨與美麗的色彩。

獵才顧問拜訪客戶的故事，是不是即有趣又有挑戰性？如果能了解經營者的創業故事及用人經驗，就能掌握老闆的用人習性與風格。

約見、拜訪客戶，是獵才顧問的日常工作，列表整理客戶希望了解獵才機構及獵才業務的10個問題，提供讀者參考。

拜訪客戶，獵才顧問經常被問到的10個問題	
問題	**內容**
獵才公司的背景	獵才公司的規模、成立時間、經營背景、顧問團隊陣容，是企業評估合作與否的重要資訊。
熟悉的產業領域與職務	企業會詢問顧問公司的專業領域，曾承做及成交的企業與職務有哪些。 獵才公司有不同的經營領域，有些專精金融業、有些主攻科技業、有些以民生消費產業為主。 104以服務「全產業」為目標。因此，以產業別及區域別來組建顧問團隊，以滿足客戶的獵才需求。
顧問的專業背景	企業會評估顧問的經歷、背景及投入獵才行業的年資，同時了解是否承做過相關的獵才職缺，有否成功經驗。 獵才顧問代表企業接觸人選，其行為舉止與專業素養，攸關企業的形象與獵才的績效。在競爭劇烈的獵才市場，顧問的本職學能與形象塑造十分重要。 （顧問可以製作簡報檔案，自我介紹上述的問題，若能說明曾為同業成功招募主管的經驗及分享產業人脈網絡，更能得到客戶的信賴與認同。）

合約內容	客戶會詢問及確認合約的重要內容，如年薪定義、服務費、保證期及付款條件等等，攸關企業權利義務的事項。
獵才招募流程	獵才商模普及，許多企業的用人主管及人資十分熟稔獵才的招募程序。甚至公司負責招募的人資，就是獵才背景出身。因此，如果不能具備專業論述的能力，很容易被企業打臉。
人才市場概況	委辦企業的用人主管及人資，期待顧問能分享人才市場的動態與供需狀況。並且打探競爭對手的招募訊息。 因此，獵才顧問必須展現對於人才市場的專業觀察，以滿足客戶的需求，同時建立獵才顧問的專業形象。
運用什麼方法找尋人才	企業很有興趣了解，獵才有什麼獨到的方法，能比公司更有效率找到好人才。因此，獵才顧問必須提出績效與實例來應對企業人資及主管的詢問。
多久可以提供人選	企業願意付出高額的服務費，尋求獵才顧問的協助，釋出的職缺一定是既「急」且「難」。因此，對於何時能提供人選資料，顧問必須具體承諾。而這個議題，也是判斷客戶獵才需求真實性及急切程度的指標。 （面對推薦人選的時限要求，顧問必須審慎評估職缺難度與作業時間，一旦承諾，就必須在時限內推薦符合的人選。）
人選年薪的建議	企業人資希望了解外部的薪資行情，以做為未來核薪的參考。顧問擁有市場的訊息，面對這樣的敏感問題，必須做足功課，才能給予合理的建議，展現貼近人才市場的專業度。

企業徵才的優劣勢條件	客戶與顧問研討企業徵才的優劣勢，以訂定雙方合作及人選溝通的應對方法。 如何彰顯企業有形、無形的優勢，合理解釋及說明負面議題，絕對是獵才顧問銜命為公司遊說人選的先期準備事項。

訪談客戶，除了與客戶建立互信的基礎，最重要的是釐清客戶委託獵才的目的及期待的人選條件，顧問可以藉由以下的問題來與客戶互動及研討。

拜訪客戶，獵才顧問必須與企業溝通的10個問題	
問題	**解析**
使用獵才招聘的原因	顧問希望了解企業是新增職務（轉投資、擴編、海外設廠），還是換人（現有人員退離、替換），以評估企業需求人才的具體原因與急切程度。
企業的徵才管道	除了獵才以外，企業目前採取的招募行動及進度，例如，是否同步刊登人力銀行、是否與其他的獵才同業合作、是否已有人選正在評估中。 目前遇到哪些招募的問題與困難？
人才規格	企業需求的人才規格，是最重要的研討內容，不論是學經歷、知識與技能、績效表現等硬技術，或人格特質、溝通技巧、行事風格等軟實力，都要詳盡的了解。 此外，顧問也需探詢企業期待人選的重要資歷背景，例如，許多製造業希望延攬出自鴻海製造體系的人才，也有

	餐飲服務業喜歡人才有麥當勞、肯德基等國際知名連鎖餐飲業的SOP經驗。 這些都是獵才顧問與企業研討人才條件的重要內容。
冰山下的條件與潛規則	中高階主管難覓的重要原因，是因為企業主及用人主管除了檯面上的人才條件外，還有不為人知的用人癖好，例如，性別、年齡、學歷、外貌、星座、生肖、宗教，這些不能刊登在公開招募廣告中的敏感項目，卻都是企業用人的重要資訊及潛規則。 獵才顧問如果不能掌握這些企業用人的特性，很難聚焦及瞄準適合的人選，也無法為客戶有效媒合人才。
職稱、薪酬與福利	企業提供的薪酬福利，是獵才顧問銜命出擊的重要武器，如果無法明確掌握公司的用人預算及薪資結構，或是盡信企業主「薪資無上限」的説詞，往往會在薪酬的議題上卡關，造成執案的挫敗。
績效與任務的設定與要求	企業需求即戰力，才會使用「量身訂做、快速精準」的獵才服務，因此，顧問務必了解公司對人選能力與績效的期待。 顧問必須詳實告知並與人選溝通，同時釐清人才是否有挑戰新職的企圖與意願。
組織定位、直屬主管及管轄幅度	人選隸屬的部門、職務（稱）、工作職掌、績效要求、直屬主管、管轄幅度、授權範圍等，都是顧問接觸及遴選人才的重要的評估與研討內容，愈了解資訊，愈能瞄準合適的對象。
需求人才的時間進度	企業期待人選何時到職，能夠讓顧問評估執案的進度與時間的安排，這部分要依照搜尋人才的難度，與企業承辦人

	適度的溝通。 獵才是與速度競賽的挑戰，如果企業與多家獵才公司合作，這一場同業之間的競賽，如果手腳不夠快，合適的人選就會被競爭者捷足先登。
履歷審查及面談安排	每家公司的招募規範與流程都不相同，顧問要清楚所有的步驟。提供履歷的窗口是誰、審查的時間，是否做測評，要不要簡報（或是其他特殊文件的提供），都要鉅細靡遺的了解，才能提供給人選正確的資訊。
企業文化與價值觀的探討與觀察	企業聘用及留任中高階主管，文化適應與價值觀至關重大。因此，這部分是獵才執案成功的重要關鍵，獵才顧問必須透過資訊蒐集、研討及觀察公司的環境、主管與員工的行事風格，研判正確的訊息。 這不是一般顧問能達到的層次，只有經驗老道的獵才顧問，才能參透這些影響案件成功的關鍵拼圖。 顧問藉由成功案件，可以推導出這些企業用人的潛規則。所以能夠洞悉重要資訊的顧問，是值得企業倚賴且無可取代的攬才好幫手。

關於在冰山下的企業用人哲學，獵才顧問有許多有趣的故事可以分享：

董事長好不容易從三位優秀的候選人中遴選了最中意的一位，他說：「麻煩安排我與人選夫妻吃頓飯，同時也邀約人選打場高爾夫球。」

原來，董事長覺得面談時大家都積極備戰、刻意包裝最完美的形象，攻防中會掩飾真實的個性與態度。如果在輕鬆的氣氛中，更能夠觀察及掌握人才的真實狀況。

另一位老闆，要求人選提供全家福照片，什麼原因？他沒說。我想，也許老闆要看看妻子有沒有幫夫運，或是藉由家人的面相來研判家庭是否和樂，以排除後顧之憂，來衝刺工作績效吧？

另一位年輕漂亮且時尚的二代接班人，她從海外留學返國，接班家族的影視公司。她年紀很輕，約莫35歲。剛見面，她就列出一張不考慮任用的人才列表，表格中清楚的標示年齡、星座及姓氏。我和顧問一時看傻了眼，這位喝過洋墨水的幹練女強人，用人標準果然獨樹一格。

顧問曾告訴我一個「畫畫人資」的故事，她說，有家公司安排面試人選時，會要求人選在A4的紙上，畫出一個人形，以做為是否錄用的參考。我和顧問一直無法參透當中的玄機，但是，這些千奇百怪的招聘現象，的的確確發生在獵才招募的實際工作中。

看八字、生肖、找命理老師陪同面談人選的場景，在許多傳統產業仍然十分常見。雖然法規明令不得刊登有就業歧視的徵人廣告，但是，在「量身訂做」的獵才商模裡，企業「看對眼」的人才，隱藏了太多難以理解的獨特潛規則。

5-4 簽約（確認權利義務）

近年來因為企業需才孔亟、人才極度稀缺，所以獵才公司如雨後春筍般不斷成立。由於服務普及，導致同業間競爭劇烈，因此，絕大多數都採取簽訂合約，但不預先收費的方式。

顧問需做研究報告，提供符合人選及候選人簡歷的預收款模式，已逐漸式微。

企業與獵才公司簽立合約，確認雙方同意在書面合約的規範下，由企業提出委辦職缺的詳實資料；而獵才顧問也快速精準的提供合適的候選人，供企業審查。

甲（委託方）、乙（獵才公司）雙方完成合約簽訂後，獵才顧問才能進行人才推薦，以確保權利義務及人選隱私與資訊安全。

但是，許多同業顧問在還未完成合約簽立，就先將人選履歷寄出；甚至為了搶先卡位，並沒有知會求職者，這都是不專業、不誠信的行為，有可能損及人選的權益，甚至讓人選失去現有的工。獵才顧問千萬不要為了自己的利益，做出這種損人利己的行為。

也有部分企業人資，會要求顧問先送出符合資格的人選，再考慮簽約，這也有違獵才顧問的作業原則。在獵才的商模中，企業與顧問必須共同維護人選的個資安全，才能確保三方的合作誠信。

獵才團隊及顧問，必須秉持誠信的宗旨，維護獵才產業的專業形象與價值。

獵才合約的內容

每家獵才公司都有制式的合約版本，其重要內容分述如下。

項目	重要內容	實務狀況
年薪定義	定義人選的年薪組成，一般包括簽約金、月薪、獎金、紅利、股票等全年領受的薪資總和。	—
服務費率	以人選年薪的金額，做為計算服務費的依據，年薪愈高，費率愈高，一般以20%至30%最為常見。	—
付款期限	一般為人選到職的10天至30天。	—
付款方式	由於獵才案件在人選完成報到時，即已告一段落，因此，企業須一次付清服務費。	部分企業採用將服務費切割為報到及保證期滿的兩段式付款。
人選推薦有效期	合約普遍訂定推薦日起2年內，企業若聘用人選，仍需支付服務費。	大多企業與獵才公司議定，限制時間改為1年。 別有用心及不誠信的客戶，會運用這項獵才的合約條文，不

		斷要求顧問推薦人才，以充實企業的人才資料庫，等經過1年的期限後，再與人才聯絡錄用，以規避服務費，這將嚴重破壞獵才的商業模式。
人選保證期	一般為30天至120天（依年薪高低而有不同），人選在保證期內，不論是企業認為不適任，或是人選自行離職，均視為保證期失敗，獵才公司將遞補新的人選（通過企業的評估面談，並報到任職，以一次為限），或是退回50%服務費。	雙方可議定拉長或縮短保證期（配合合約的權利義務）。 可歸責於企業方的問題，則獵才公司將不履行保證期義務。
禁止挖角條款	合約明訂對已成交人選，於在職中，禁止獵才公司主動推薦其他工作機會的約定條款。	有客戶要求，在合約有效期間內，禁止向甲方公司所有人員主動進行工作推薦。這樣的條件，獵才公司多半不會同意。且人選有自主轉職的權利，與獵才顧問的關聯不易界定，也很難認定為挖角行為。
保密約定	對於客戶委辦職缺及推薦人選的資訊，雙方都需負責保密。	——
合約期限	獵才公司普遍在合約中註明，若雙方無終止合約的書面通知，合約持續有效。以「萬年合約」的方式，避免繁複的行政作業。	少數客戶採取1年到期，須重新簽訂新約。
其他	推薦的時間要求、報表提供，或是需將人選資料匯入企業的人才系統，以供審查。	——

客服部門是104獵才專責合約審查及用印的單位，由於獵才的服務費高昂，所以客戶與獵才公司的合約都是逐案研討訂定的，許多前期溝通的過程，十分艱辛。由Clare領導的團隊每天努力拓展客源，同時以細心與耐心的態度與客戶溝通合約內容。

市場上總是不乏低價搶奪客戶的競爭者，如何詮釋104獵才擁有的資源與專業，就成為競爭的利基。

有遠見的客戶，終究會以「能否覓得優質人才」為選擇獵才機構與顧問的重要指標，若僅以服務費高低論定，可能背離企業「找對人」的原始初衷。

建議企業，以擁有人脈資源、專業團隊及誠信、負責服務態度，永續經營的獵才機構為長期合作的夥伴。

5-5 職缺訪談

與客戶簽訂合約，確立合作關係，就進入人才條件研討的階段，這是案件能否成交的重要關鍵。有效掌握正確資訊，可以事半功倍。

顧問如果沒做好功課，就會像瞎子摸象般，曲解企業的用人條件，大海撈針、亂槍打鳥，這只會虛耗時間，無法為企業找到「對」的人才。

許多顧問僅用電話與人資溝通人才的規格與條件，這樣的處理方式，有50%以上的機率會做白工。所以有經驗的顧問更願意與用人主管當面溝通。

在未掌握正確資訊前，不要冒然出手，以免徒勞無功，以下4點，提醒讀者留意：

- 需求人才的條件，必須由用人主管或有權決定者明確訂定。
- 判斷企業提出的人才條件是否合理（人員資歷背景／能力／工作要求／薪酬／人格特質）。
- 負責獵才窗口的人資是否精確轉述及說明清楚。
- 考量人才市場的特性及動態，評估人才引進的機會與成功機率。

我習慣與顧問一同拜訪客戶，尤其是和用人主管或經營者親自洽談。研討招募人才的規格與條件時，藉由深入研討，可以讓人選的圖象清楚浮現，也能針對人才市場的狀況及企業的規模與資完整交換意見，達成招聘人才的共識。

此外，藉由委辦企業的所在地、公司陳設、同仁工作氛圍、主管的溝通模式，也能夠預判推薦人才需具備的人格特質。

大家不要忽略了，高階主管與經營者有沒有共事的「緣分」，決定未來能否相處與互動。獵才顧問愈能體會及掌握用人主管的習性與風格，就有機會找到理想中的「有緣人」。

此外，特別要提醒獵才顧問，所有客戶委辦的案件均為保密案件，必須謹守低調守密的原則，曾有獵才業界因為案件洩漏，而引發軒然大波的事件，大家應引以為戒。

老闆要找的是「貫徹高度紀律的廠長」

曾經到湖口工業區拜訪機械製造的客戶，這位事必躬親的董事長親自接待我們，並且帶領我們逐一參觀整齊清潔的辦公區、餐廳及一塵不染的廁所。他說，為了養成同仁的工作紀律，辦公椅背不能披掛外套，下班後辦公桌面的水杯、電腦、鍵盤、檔案夾都要放置定位。

面對這樣一位奉行「軍事化管理」的經營者，我們已可以想像，什麼樣的廠長才能通過他的審核及考驗。

董事長與總經理想的不一樣？

桃園是工業城，各行各業、大大小小的工廠林立其間。我們開車在工業區間穿梭，終於來到了偌大的廠房，門衛盡責的要我們登記、換證，接著人資接我與顧問直上董事長室。這是個好兆頭，與最高主管洽談人才規格，最能掌握正確訊息。

董事長要找一位具備「全方位能力」的特別助理，未來培養成企業接班人，他用整整50分鐘的時間，說明創業的艱辛及未來的期許。從他滿布皺紋、花白的鬢髮，以及微弱的聲音中，彷彿看見時光快速掠影，從企業盛世邁入競爭的危機中。

人才的條件與資歷背景溝通完畢，我們結束訪談，隨同接待的人資步出辦公室。離開辦公大樓時，人資承辦人輕聲的告訴我：「我們董事長想找這位人選很久了，談了很多人，都無法做成錄用的決定。」

我滿臉疑惑，期待得到她的答案，她接著說：「總經理與董事長不和，兩人對於招募特助的意見相左。」

這個案件始終無法順利推展，因為兩位高階經營者的相互角力與愛恨情仇，導致用人的意願不同。我很感謝這位熱心的人資，能私下透露這個重要的訊息，避免獵才顧問虛耗時間在不可能有結果的案件上。

美國前總統亞伯拉罕．林肯（Abraham Lincoln）曾說：「Give me six hours to chop down a tree and I will spend the first four sharpening the axe.」（如果給我6小時砍倒一棵樹，我頭4小時會用來磨斧頭）。

提醒獵才顧問，執案前必須詳細了解職缺的條件及內涵，才能成功砍倒大樹。

5-6 立案承做

104獵才已建立嚴謹的系統作業平台，因此，顧問取得客戶的委辦案件，必須詳實、及時在平台中「立案」，這是作業流程的重要階段，也是管控執案進度的起點。

顧問平台有所有顧問承做的客戶與案件資訊，也有推薦人選的詳細資料及客戶溝通聯繫的服務紀錄。完備的作業平台可以有效的管理及分析獵才執案的細節，有規模的獵才組織，除了仰賴專業的顧問外，未來的競爭優勢將會是比拚資訊系統的競賽。

顧問取得委辦案件，用心的客戶會提供詳實的職缺說明，然而大部分的人資多半是簡單的書面描述，或是直接將刊登在人力銀行上的內容轉貼給顧問，這些簡略的資訊不足以讓顧問啟動人才搜尋的動作。

如果顧問在未掌握委託招聘職缺內涵的前提下，就亂點鴛鴦譜，一定會落得白忙一場的結局。有經驗的獵才顧問會訪談人資、用人主管甚至經營者，在完全摸清楚人才規格、明確掌握人才圖像後，才開始物色人選。

然而，這些客戶的需求與回饋資訊，完全留存在顧問的印象與記憶裡，時日一久或是顧問異動，寶貴的資訊就完全歸零。因此，顧問如果能重新改寫立案的職缺內容，並記載在系統中，除了可以整理、釐清自己是否完全了解人才條件，也可以整合自己的專業觀察及經驗，並藉由獵才機構的前台網頁或是刊登人力銀行的工作專區，來吸引合適的人選主動上門。

這是一件值得顧問投入的作業，也利於組織的管理運作。如果想要長期耕耘獵才事業，扎實的基本功是必要作為。獵才顧問須體認，案件的進行千絲萬縷，如果不能依照系統及SOP嚴謹的作業，「你選擇偷的每一個懶，都會是將來承受的每一個苦」。

獵才作業系統的建置，需要深入了解獵才的商業模式，同時有前瞻與廣泛的思維，並能善用科技與工具，才能提昇長期的競爭優勢及強化對客戶與人選的服務，並藉由資訊系統的力量，拉開與競爭同業的距離。

建置完整的獵才作業平台，有以下3個重要的努力方向：

1. 有效引導及管理作業SOP：

從開發、立案、推薦人選到案件成交、收款，直到客戶與人選的服務，如果只靠工作規範及主管的道德勸說，是無法形成一個有紀律的團隊，也不能滿足客戶的招聘需求。因此，長期投入系統的發展及優化，至關重大。

2. 經驗學習及提昇執案效能：

平台系統的功能，除了將顧問執案的經驗完整的留存，也能針對數據內容加以解析。產出的結果，能讓顧問發掘自己的問題，投入改善。

每位獵才顧問負責經營的產業領域都不同，此外，客戶與人選的變化與差異甚大。所以獵才工作屬於「自己跟自己競賽」的模式，及時、具體、長期的數據分析可以綜觀執案全貌，針對問題來尋找有效的解決方案。

3. 發掘新方法與新商機

人力銀行擁有大量的客戶與人選資料，而規模不同的獵才招聘組織也保存了許多的人選履歷表，如果能善用機器學習及演算法的技術，就能夠快速比對出合適的人選，加速案件的進行。對比傳統人肉搜索的耗時耗力，編程技術可以大幅提高獵才作業的效率。

系統交叉比對及產出的各種數據，極具價值，也值得顧問及管理者費心研究其中的問題與現象。而這些資訊，可以引導獵才招聘作業精進發展，也能在既定的商模上找到新的需求與市場機會。

科技獵才，「人機互動」贏在起跑點

小紅打開電腦，畫面上出現她的案件列表與執案狀況，系統提醒她客戶開發拜訪的數量不夠，目前的案件也少於15件，這將會影響下一季的績效表現。另外，成交的單價比平均值低，表示她的案件多數落在年薪100萬元以下，需加速取得高薪案件，以挹注業績及提昇單價。

平台中「紅色標註」未在7日內推薦的案件，提醒小紅要加快人才搜尋及提供人選的腳步，以滿足客戶的需求。

另外，專屬的「人選資料匣」內，有系統自動演算，提供人才建議名單，及昨晚從前台網站主動應徵的人選，小紅可以點擊開啟履歷，加以審查。

嚴謹的平台系統會貼心提供即時訊息，讓執案進度一目了然。藉由長期的數據統計，讓小紅知悉，在未來的一個月或三個月如何經營案件、追趕業績。同時，系統也同步發出訊息給主管及顧問，讓主管以實務的經驗來解析系統數據與資訊，就像病人在醫院完成各項檢查，還是要有經驗的醫生來做最後的判讀。

盡信數據，不如無數據，找到真實原因，進行改善，才能精進作業。

系統的功能可以協助案件嚴謹且有紀律的進行，獵才顧問是獨立性極高的工作，完善周延的平台系統，絕對可以助顧問一臂之力，讓獵才工作事半功倍。

5-7 搜尋人選

獵才顧問必須銜命達成企業交付的招募使命，滿足客戶的期待。然而，人海茫茫，如何「主動出擊、量身訂做」，找到對的人才？對於這個難題，企業負責招募的人資及用人主管也很好奇。他們想了解，究竟以「年薪計算服務費」的獵才服務，相較於公司自行招募，有何差異？

以下說明獵才顧問與企業接觸人選的不同。

個別企業人資只有自家公司的職缺，而獵才顧問手上的職缺除了為數眾多外，也具有「獨家不公開」的特性。

很多人選不接受個別企業聯繫，卻對獵才顧問的徵詢情有獨鍾，因為獵才顧問手中擁有企業意圖延攬及挖角的職缺，這些工作機會屬於同業或異業的中高階及高薪職缺。此外，委辦獵才的職缺多數未公開在招募平台上，相較於企業人資有限的工作機會，獵才商模對人選具有更大的誘因。

上市公司的人資協理Sherry分享自己的招募心得：「在社群網站中發現適合人選，無奈多次聯絡都未獲回應。只能委託獵才顧問出手，才順利接觸到人選。」

這個例子印證了，中高階人才面對敏感的轉職議題，十分審慎；相較於企業的邀約，他們更樂於與扮演職涯經紀人的獵才顧問合作。

「老王賣瓜、自說瓜甜」，人才不感興趣

誠信專業的獵才顧問能理性且專業的分析轉職機會的優劣勢，這對於中高階人才而言，是一項貼心且有價值的服務，尤其獵才顧問對於產業脈動、人才流向與企業用人資訊的掌握十分精確，更能與人選做深入的研討，並引導人才思考及評估轉職抉擇。

然而企業只為自家公司招募人才，且人資需要包裝自家企業的優勢，其既定的立場也容易失之偏頗。

顧問居間，扮演折衝角色

多元分眾的時代，要期待中高階主管主動投遞履歷，愈來愈困難。尤其主管及關鍵人才對於轉換舞台十分審慎，在未周延思考前，不會曝光自己的意圖與動向。

獵才承辦的職缺，均列為機密案件，同時潛水低調進行人才的接觸，較能符合高端人才工作異動的低調行為模式。

此外，有專業顧問居間進行工作內容、薪酬福利、職涯發展的諮詢與協調，可以增加成功轉職的機率。

104獵才的「經理人動向大調查」研究顯示，有97%的主

管肯定獵才顧問居間服務的轉職模式。對於這些百中選一的人才，獵才招募較之企業人資有絕佳的優勢。

顧問藉由人脈網絡，挖掘被動求職者

企業的人才來源多是仰賴自行投遞履歷的「主動求職者」，但是獵才的人選絕大多數都是潛藏在水面下的「被動求職者」。在人才供需失衡的趨勢下，掌握人才動態的獵才顧問，成功扮演為人才與企業搭起合作橋梁的重要推手。

獵才顧問瞄準哪些人才？

大家或許很好奇，究竟哪些人才會吸引獵才顧問的目光，雀屏中選成為極力邀請推薦給客戶的人選。此處以右頁表列說明，上班族可以自我檢視，也能列入努力的目標，為日後與獵才顧問合作轉職，預做布局與規畫。

企業多元發展，跨界人才成主流

一位媒體大亨要找一位特別助理，顧問覺得最適合的對象，應該是熟悉電視、廣告、數位與平面媒體的人才。顧問做足功課，信心滿滿的帶著詳細的分析及建議報告，前往位於市

獵才顧問獵取的對象

■**資歷背景**

✓專業中高階主管與關鍵人才
✓高年薪（年薪百萬元以上）

■**工作表現與個人特質**

✓學經歷完整，具業界好口碑
✓每一工作資歷至少3年以上（工作穩定）
✓具備專業的技術與能力，且績效卓著
✓領導管理與溝通協調能力佳
✓文化適應力、獨立作業能力強、有影響力
✓誠信及品德操守俱佳
✓語言能力良好

關鍵人才的定義

「關鍵人才」被賦予公司組織裡「最關鍵」的事務

關鍵人才要透過「職務」的需求反推到「用人」的方針，
思考哪些是關鍵的職務，公司沒有你不行？

1. 哪些工作對於組織而言，是最不可或缺的？
2. 哪些工作的風險管理較高，最不可輕忽？
3. 從工作評價的角度來看，知識與經驗的需求何者較高？
4. 哪些工作的複雜度、困難度與精準度的需求較高？
5. 哪些工作需要面臨的決策與負面衝擊影響可能性最大？
6. 哪些人才，市場稀缺，取得不易？

資料來源：人資專家蘭堉生

中心的宏偉大樓向董事長簡報。

顧問說：「貴公司在媒體界舉足輕重，此外，線上與線下的平台及通路相互串連，建構了完整的媒體供應鏈與行銷通路，針對董事長想要延攬的特別助理；我特地搜尋及徵詢了幾位學經歷俱優，且創下卓越績效的業界主管人選。相信與董事長溝通報告後，能夠聚焦需求，快速推薦適合人選。」

董事長沉思片刻說：「為了優化作業SOP、提昇媒體業的工作節奏，避免決策的盲點，我要招聘的特別助理，不希望是本業媒體界出身的人才，而是工業工程專業、有科技產業工作經驗的人選。」

運動器材廠商，找汽車廠製造主管

運動器材大廠委託獵才顧問招聘廠長，總經理對於擁有多年機械製造、馬達生產經驗的人才興趣缺缺，卻獨衷具有汽車製造生產背景的專業主管。

因為公司要確保產品的質量符合國際消費市場的需求，也能打造最安全的產品。因此，希望以生產汽車的高標準，來制訂工廠的製造與品質規範。

美容產品公司，徵求製造大廠鴻海生產主管

專門生產面膜的廠商，委託獵才顧問招聘製造大廠鴻海出身的主管，因為具有世界專業代工廠經驗的人才，可以提昇面膜生產的效率與品質。

人才跨界是現在進行式，也是未來的趨勢。企業不同的用人思維，與獵才顧問的招募挑戰，隱含著多元且創意的想像空間。

以上例證，充分顯現了獵才招募，必須因應企業個別需求的多變性與獨特性。潛伏在人才市場的人選，需要獵才顧問細心探尋及挖崛，才能獨具巧思與慧眼，讓人才浮出檯面，達到成功為企業「量身訂做、延攬人才」的獵才宗旨。

獵才顧問如何找到「對」的人才

獵才顧問的人才來源，大致區分為下列6個管道。

資料庫	獵才公司在經營的過程中會積累人選資料，例如104獵才可以善用人力銀行的860萬會員履歷。同時在執案中也累積了數萬筆中高階人才庫，能有效的為企業搜尋合適的人才。
刊登人力銀行職缺	人力銀行已對獵才同業開放刊登職缺的服務，藉由人力銀行的高流量，顧問可獲取主動投遞履歷的人選，或藉由系統搜尋及媒合配對來接觸人才。

主動出擊聯絡人選	獵才顧問必須主動出擊，通過電話或email聯絡合適的候選人，這種陌生開發人選的方式，必須仰賴電話技巧與話術，才能突破層層關卡，與人選取得聯繫。
人脈引薦	這是最有效、最精準的方式，也是資深獵才顧問最擅長的方法。藉由人脈管道推薦的人才，經常會讓客戶眼睛一亮，也較能得到用人主管的青睞。
人才主動接觸獵才顧問	有愈來愈多的人選，藉由直接或間接的方式與獵才顧問接觸。而專業且擁有良好口碑的顧問，更是得到眾多人選的支持，要求協助引薦新的工作機會。
社群經營與網路廣告	獵才顧問最常經營的社群是Linkedin，在「自媒體」的時代，網路世界高手雲集。做好社群經營，能與人才互動交流，也能無遠弗屆的接觸人選。 此外，獵才機構也可以藉由發送EDM或是網路廣告來吸引符合的人選。

獵才顧問的重要價值，是為客戶延攬「被動求職者」，企業人資透過員工介紹或是人力銀行的網路刊登機制，吸引到的人才大多是主動求職者，兩相比較，被動求職者的含金量及多元性更高。

獵才圈中常常戲稱：「優秀的人才都不太會寫履歷，謀職面談的技巧也不熟練。」因為這些人把心力放在工作上，且工作穩定，不需要、也無暇撰寫履歷。這群被動求職者，是企業難以接觸到的族群。

人才的價值及發展，經常必須透過與獵才顧問的研討及合作，才能發現新的職涯藍海。畢竟，獵才從業人員，天天接觸客戶與用人主管，了解企業的人才需求及聘任條件，能有效提供優秀人才多元的轉職機會。

如果形容獵才顧問是中高階主管及關鍵人才的職場貴人，一點也不為過。

獵才顧問對於人才，有著致命的吸引力。因為，人選知道專業的顧問可以在自己未來的職涯中出手協助，提供多元的工作選項、創造職涯發展的寬廣空間。

廣結善緣、經營人脈，
獵才顧問扮演職涯經紀人角色

Monica投入獵才服務達30年，她分享長期經營人脈的成果：「我從外商秘書工作轉戰獵才顧問，數十年來不斷努力接觸人選，早期認識的基層主管，現在都位居高位，不是總經理就是副總。由於長期保持聯繫，能夠掌握人才的動態。透過這些長期人脈的引薦與協助，很容易為企業找到符合資格又有意願的人選」。她的顧問生涯愈做愈開心，得力於與人選建立長期的好關係。

Orson承做一個企業招聘資深工程師的獵才案

件。他遠赴新竹面談人選，然而事與願違。花了2小時溝通後，人選專業資歷尚淺，並不符合委辦企業的需求。Orson感謝人選撥出時間來研討，無功再返、悻悻然的搭車回台北；心想，一下午的時間又泡湯了。

第二天，他接到了人選的電話，除了感謝他的熱心服務，也引薦他的主管給Orson認識。

他的主管想要異動，因此，希望顧問能提供協助。Orson風塵僕僕的再次到新竹與這位主管商討，這次，總算找著了符合企業需求的人才。

這個案件還有讓人驚喜的結局，人選因應新東家的要求，組建了一個10人的團隊。因為勤快、不放棄、廣結善緣的顧問特質，讓Orson成交了一個以團隊計價的獵才案件。

藉由人脈串連，成交案件的例子屢見不鮮。

Gigi的案件更神奇，先生陪著太太一同去面談餐飲門店的店長職缺。在意見交流中，老闆想找一位品酒師來協助包廂會員的經營，而陪同的先生居然就是經營酒品的專業人士，結果，太太的案件尚在評估，而先生反而被錄取了。

顧問的專業與熱忱，往往會得到人脈的加持。上述案例，都是主動接觸人選、不斷積累資源的美好結局。

顧問如何經營人脈

我經常勉勵顧問們，獵才顧問要取得人選的資訊，靠人脈最實在，因為透過引薦，往往比搜尋資料庫更為精準。

透過業界人士的介紹，能準確掌握人選的專業與工作態度；此外，藉由熟識者的牽線，也易於讓獵才顧問和人選搭上線，在推薦與面談的作業上，避免反覆的磨合與誤判的風險。

最有效經營客戶與人選的方式，就是親自拜訪約見，只有讓客戶與人選感受到獵才顧問的專業、熱忱與服務，才能穩固建立人脈的連結。

資訊科技愈發達，人際之間愈冷漠。如果顧問能勤跑客戶與人選，就能藉由充沛的人脈資源，在競爭激烈的獵才領域中，奠定勝基。

人才百中選一，極度燒腦的考驗

搜尋合適人選，考驗獵才顧問的理解力、想像力及識才力與行動力，要能「站在老闆的鞋裡」想問題，才能發掘合適的人選。許多顧問在此階段亂了方寸，在推薦挫敗的情形下，延宕或放棄了案件，實在非常可惜。

獵才工作必須有堅持不放棄的精神。企業因為「找人有困難」，才將招募工作委辦給顧問，所以我們不能辜負客戶的期待。遇到挫折及人選不符需求時，重新出發才是王道，西方有句諺語：「不要為打翻的牛奶哭泣」，認清事實，活在當下，才能化危機為轉機。

很多顧問在決定放棄案件時，都不知道自己和成功有多麼接近。在錯誤中學習是上策。如果走不出挫敗的陰影、原地打轉、裹足不前，終究無法浴火重生，精進找人的技巧。

容忍錯誤與失敗，是對能力優秀的人而言。Google鼓勵冒險失敗，是因為有信心大部分的員工具備卓越及自省的能力，認清「建設性失敗」與「無建設性失敗」的差異。我們要讚揚的是學習（相對失敗的成本而言，產生有價值的資訊），不是失敗。

獵才顧問沉浸在人才的世界裡，在失敗中汲取養分，才能成就獵才商模的意義與價值。

5-8 審閱人選履歷

網路時代，上班族都會在人力銀行平台登錄自己的履歷表。然而不論是出於有意或是無意，人選履歷埋藏著許多未爆彈，求職者偽造履歷的狀況時有所聞，就連高階主管也不例外。

曾有一位高階人選，在履歷表上寫著「富士康4年製造主管經驗」。經查證，他只在富士康待了1年半，由於工作不穩定，人選直接拉長富士康的工作時間，掩蓋了其他的資歷。此外，也有人選在中英文並茂的履歷表中，撰寫洋洋灑灑的豐功偉業，但績效完全不真實。另外，學歷造假的也大有人在。

獵才顧問對於這些需要核實的資訊十分重視。人選如果不能秉持誠信、負責的態度，一定會害人害己、得不償失。

求職者履歷造假的情況，約略可區分為下列幾種，提供給讀者參考。

1. 學歷造假：

台灣上班族普遍具有大學以上的學歷，所以企業對於求職者的就學狀況，大多採取信任的態度，這也讓有心人士肆無忌憚的偽造學歷。尤其，對於人選在海外就學的資訊，例如：學校、學制與學位，更必須小心求證，以驗證人選的專業與能力。

企業對於中高階人選，自有一套檯面下的徵信方法。曾經發生剛報到的高階主管，被公司以私下徵詢同業的方式，發現偽造學經歷的行為，因而倉惶離職的糗事。

我想，這位高階主管因為一時的錯誤，可能永遠無法在產業界立足，也讓自己的職涯蒙上汙點。媒體曾經報導高階主管偽造國立大學學歷，遭公司告上法院、要求賠償的案例。在獵才的商模中，企業、人選及顧問三方都應謹守職場倫理的規範。

2. 偽造工作經歷，或任職時間造假：

有位人選說：「她會將工作的起訖時間，完全緊密連結，甚至自行刪除不想呈現的工作資訊。她完全不擔心曝光，因為中小企業幾乎不會，也沒有能力進行查證。」許多公司請求職者提出前任公司的離職證明，或是比對勞保投保紀錄，就是要確認人選的工作資歷。

「凡走過，必留下痕跡」，求職者千萬不要心存僥倖、鋌而走險，違反了求職的誠信與倫理。

3. 美化工作內容及誇大績效表現：

一位人資分享她的招募經驗與觀察：「如果人選服務企業只有1年以下的時間，卻在履歷中及面談時展現『戰功彪炳』的事蹟，絕大多數都屬於過度吹噓、自我膨脹的行為，很難取信於人。」

中高階主管的招募過程，企業通常會安排進行簡報，以驗證人才的能力與績效，這是常見的面談橋段。如果沒有真才實料及豐富的實務經驗，很難通過公司的測試與考驗。

4. 提供不實的薪酬資料：

企業面談的最後階段，會徵詢人選的希望待遇，有些求職者會刻意拉高目前的所得，以爭取更高的薪酬。

為了核實資訊，企業會要求人選提出薪酬證明、薪轉帳戶或是報稅的相關資料。雖然不見得符合法令的規範，但是，如果人選願意誠實的說明目前的薪資狀況，不僅能消弭企業的疑慮，也能讓雙方站在對等的立場，與獵才顧問共同研討薪資的條件與內容。

5. 無良獵才顧問哄抬人選身價：

獵才業界也有不肖的從業人員，為了謀取較高的服務費，刻意為人選開出高年薪，這不僅不符合獵才的誠信原則，也會讓人選承受巨大的工作壓力與任職的風險。甚至，如果日後經企業察覺，將會導致三輸的結局。

求職者履歷不實的6種現象

人才市場中，履歷不實的案件屢見不鮮，整理6種常見的狀況供大家參考。

區分	發生的狀況	驗證
學歷	學歷造假（虛構學歷、肄業寫畢業、夜間部寫日間部、國外學歷造假）。	1. 提供正本畢業證書 2. 向學校或前公司徵信 3. 比對歷次履歷表 4. 查驗社群訊息
經歷	虛構任職經歷。 拉長或縮短任職期間。 刻意刪除曾任經歷（多半為短期離職，或是規模較小、與現職無連貫性或曾發生衝突、爭議的公司）。	1. 查驗離職證明正本 2. 比對勞保投保紀錄 3. 比對歷次履歷表 4. 徵信調查 5. 業界徵詢
職務	刻意包裝職務，無管理經驗卻提出管理職經歷。	1. 查驗離職證明書 2. 向經歷公司查詢
年齡	在履歷表中虛構年齡，錄用後繳驗身分證，才謊稱自己疏忽未更新資訊。	
績效	虛構豐功偉業，管理幅度及偽造績效數據與工作成果。	1. 詳細詢問過程與細節 2. 詢問歷任公司主管 3. 實務能力驗證 4. 業界徵詢
作品	論文抄襲案件頻傳。在網路時代，需留意及審查人選作品是否虛假。	

5-9 聯絡人選

由於獵才商模普及，大多數的主管都曾接過獵才顧問的徵詢電話。因此，如何在第一時間清楚表達目的，同時，給人選好的第一印象，就成為獵才顧問必修的溝通表達技巧。

其實具有品牌知名度的獵才公司，顧問撥打電話與人選聯絡，提供就業轉職的機會時，多半不會被質疑。

許多上班族以接到獵才電話而感到自豪：「自己終於成為一號人物，有獵頭顧問主動聯絡、提供工作機會。」不論成功與否，身為上班族，能得到獵才顧問的關注，都是一件值得驕傲的成就。

2022年5月爆發泰國、柬埔寨、緬甸等東協國家的人口詐騙事件，一時間，整個職場籠罩在恐慌的氣氛中，顧問手中的境外工作職缺，都被質疑有詐騙的可能，還有人選直接問：「你真的是104的顧問嗎？」面對這樣的疑慮，我們的同仁都自主的提供明確驗證電話與相關訊息，以消弭人選的憂心。

為了維護人選的就職安全，只要是境外委託案件，必須藉由設立登記及網路資訊，確認企業合法無虞，同時詳細了解公司概況、職務內容及境外工作地點。

人選經錄用後，必須協調企業安排妥善的交通接送事宜，讓人選平安抵達海外工作崗位。

人才市場總有意料不到的事件發生。身為獵才顧問，務必要審慎查證委託企業的營運內涵及合法性，以維護人才的安全與權益。

初次與人選聯絡時，有以下的溝通重點：

- 取得人選資料的來源（可能是資料庫或是社群搜尋、朋友引薦）。
- 自我介紹（代表的獵才公司及個人簡介）。
- 欲推薦的職缺及初步訊息。
- 留下email及方便提供職缺訊息的管道，為詳細溝通做準備。
- 人選若有興趣，將再進行下一步的會面研討。

5-10 人選面談

擔任獵才顧問，有兩件事絕對不能打折扣。首先是親自拜訪客戶，研討人才條件；其次，則是親自面談人選。但是，能堅持做到的顧問不多，尤其過去幾年在新冠疫情的攪局下，人際間的互動與接觸變得十分困難，顧問們也可以堂而皇之的拒絕親訪客戶、面談人選。

然而，人與人的接觸，卻是獵才商模最重要的存在價值。研討互動、察顏觀色、辨識人才，很難透過電話或是視訊影像克盡全功。

只要是績效卓越、對於獵才工作擁有熱情的顧問，一定能體會親自面談人選的必要性及效益，以下針對親談人選的好處，說明如下。

展現重視人才的態度與行為

顧問接受企業委託延攬人才，身為公司的招聘代理人，自然必須積極展現重視及禮遇人才的態度；而親自與人選面談，更具有維護雇主形象及展現顧問專業的雙重意義。

當面溝通，傳達企業需求及洞悉人選特質

資訊工具發達、測評工具能輔助驗證人選的能力與特質，甚至藉由AI演算辨識人才符合度的系統也日新月異。但是，人與人的互動與接觸，在中高階主管及關鍵人才的獵才工作上，卻具有無可取代的意義與價值。

透過人才的表達、談話內容、肢體語言，在「7／38／55定律」*的理論架構下，身經百戰的顧問可以藉由理性研判與感性的認知，篩選出符合企業需求的人選。

獲得人才對顧問的尊重與肯定

台灣至少有上千家大大小小的人才招聘公司，顧問從業人員預估有10,000人。然而，真正能得到企業及人選認同與肯定的顧問，不到10%。

一般而言，「仲介」這個名詞，在人才市場上彰顯的工作內涵與層次較低。獵才顧問之所以在工作及職務冠上「Consultant」的尊稱，就是能夠站在專業及客觀的角度，做到解析職務、諮詢研討、洞悉人才及職涯規畫的目的，而這些在

---

* 有研究顯示，人與人間的溝通說服力有55%是來自肢體語言，38%來自語調，只有7%來自於談話內容。

人資工作與招募的專業技巧及能力，需要具備與人才實際接觸的豐富經驗，反覆淬鍊，才能逐步養成。歷經不同企業的招聘挑戰，成功發掘人才優勢、順利推薦合適的工作機會，終能成為人才市場上真正帶來價值的職涯經紀人，並且得到人選的尊敬與肯定。

建立與人才長遠的合作關係

許多績效卓著的中高階人才與獵才顧問保持長期友好的關係，在長達數十年的職場發展中，藉由彼此互動，與獵才顧問共享工作成長與績效成就。

獵才顧問就像球探一樣，密切關注產業趨勢及職場動態，除了與人選交換環境及工作的觀察及心得之外，也會在適當的時機提供轉換舞台的機會。

獵才顧問經常藉由這些熟識的中高階主管，得到其他人才的資訊。有遠見的獵才顧問，要能體會這份以經營「人脈」為本質的工作，靠的是一步一腳印的廣結善緣，同時發揮關係管理的智慧，才能在獵才生涯中左右逢源、創造績效。

精彩故事造就顧問專業

顧問經常分享與優秀主管的互動經驗，這些職場工作的每一場戰役與成敗案例，都是嘔心瀝血、激盪智慧的結晶。其中辛酸苦楚的內心掙扎、峰迴路轉的血淚交織，都是精彩感人的職場故事。

獵才顧問藉由工作的特性，得以知悉人選「不為外人道」的職場甘苦。我常開玩笑的對顧問說：「在與人選親自面談的1到2小時中，人選會極力將自己的完整經歷、豐功偉業及職涯心路歷程與你分享，」因為他希望未來能得到更多被引薦的機會。「有許多事情，可能連他的老婆都不知道。」

在混沌的職場中，人選多麼希望能結識一位誠信、負責，又懂自己的職涯經紀人——獵才顧問。

顧問的成就感，奠基在為人才創造新的職涯舞台

探討獵才顧問持續維繫工作熱情的關鍵因素，協助人才跨越嶄新職涯舞台，與高額的獎金同樣令人興奮。我們不能否認在「高度不確定性」的獵才工作中，成交案件後的獎金激勵可以支持顧問屢敗屢戰、勇往直前。然而，真正讓這份工作產生溫度及感動的原因，則是看到人選在自己的穿梭與努力下，躍上嶄新的工作舞台。

Niki曾經很開心分享：「成功推薦到外商餐飲業的高階主管，逢年過節都會提供折價券表示感謝。」這讓辛苦工作的顧問，得到人選最溫馨的肯定。Tanya也因為引薦人選到香港迪

士尼工作，獲邀與家人共遊樂園的機會。

獵才顧問得到人選的感謝與回饋，是工作中最大的回報，也是支持自己挑戰高難度招聘作業的最強動力。

5-11 招募面談法簡介

獵才顧問搜尋人才的過程中，與人選面談是極為重要的環節，因為透過履歷內容，不足以驗證人選是否符合需求。尤其企業特殊（冰山下）的用人條件，必須親自溝通與說明，才能萬無一失的推薦符合人選。

我在科技業任職時，與部門人資人員研討面談的人選是否適任，同仁經常會說：「這位人選沒有公司的臉。」這句饒富寓意的話，說明了求職者的能力、經驗、想法、觀念及展現的氣質與態度，可能與企業需求及組織文化有所差異。

此外，經常聽聞企業老闆錄用人才，取決於雙方有沒有「緣分」。這也代表在交流互動中，彼此是否「看對眼」，會不會「雞同鴨講、話不投機」，是重要的主觀認知與感受。

獵才顧問與人選面談的6個目的

- 詳細說明企業背景與職缺內容，同時確認人選的轉職意願。
- 依據企業的用人需求，評估人選的硬實力、軟實力及人格特質
- 並非所有面談人選都適合引薦，如果發現人選並不合適，或是人選對企業的職缺沒有興趣，此時，建立人脈

網絡就成為附加的價值。

- 與人選面談可以了解產業動態及增強專業知識，這是顧問學習與成長的最佳機會。
- 高階主管的職涯故事，能夠激勵自我，也是分享給其他人選的好素材。
- 藉由建立人脈，能為自己帶來有效客戶與優秀人才。

獵才顧問的面談方式

與人選面談，可以採用電話、視訊、親自面談等3種方式。

1. 電話或視訊面談：

如果人選在時間及交通的安排有困難，獵才顧問會善用工具，以電話或視訊來進行。尤其新冠疫情阻斷了人我的互動，在避免人際接觸的前提下，只能選擇線上面談。

大數據及AI新科技已運用在遠距面試，歐美的人力招聘公司發展出根據求職者的臉部表情、眼神及聲音語調，驗證是否誠實表達的面談系統，同時也藉由演算法，評估人選的符合程度。

2. 親自面談：

這是最佳的面談選擇。不論是獵才顧問或企業招聘，要達到深入溝通與交流的目的，並感受求職者的肢體語言與人格特質，見面親談、眼見為憑，絕對是找對人才、避免誤判的唯一方法。

資訊科技發達的現代社會，人與人的互動聯繫，由於通訊及社交軟體的普及，變得簡單且容易。但是，要拉近彼此的距離、突破內心的防線、建立好感度，惟有秉持「見面三分情」的基本原則，與客戶及人選「面對面」溝通，才能身歷其境，達到相互了解的目的。

3. 輕鬆的環境，有利發掘人選的真實個性：

相較於企業「中規中矩」的面試情境，獵才顧問經常與人選約在咖啡館、餐廳等場合輕鬆的交流，可以塑造暢所欲言的氛圍。一方面讓人選在沒有壓力的狀態下盡情抒發意見，也能讓顧問掌握人選的個性與特質。

許多企業經營者在錄用高階主管前，會特別請獵才顧問邀約人選餐敘或打高爾夫球，就是希望卸除刻意的偽裝與面具，透析真實的個性與習性，來確認有沒有「攜手共事」的緣分。

獵才顧問面談的內容

獵才顧問與人選面談，究竟要談什麼？

首先要定義顧問的角色。獵才顧問有別於企業遴選及錄用決策的單純目的，顧問是站在引薦的立場進行約見面談人選；因此，不能以自己的標準及既有定見來看待人才。需要消化企業的期待，以專業的眼光研判人選是否符合企業的用人標準，找出「異中求同」的因子，在「門當戶對」的原則下，促成雙方走向「情投意合」的道路。

這很像為人介紹男女朋友，要發掘兩方的差異點與互補性，才能截長補短、發揮1＋1＞2的綜效。

獵才顧問與人選面談的內容，列舉如下：

- 介紹自己（獵才公司與個人）
- 詳實說明委託企業及職缺的條件與需求
- 人選硬實力與軟實力的溝通與了解
- 探詢人選的轉職目的與意願強度
- 轉職的考量因素與諮詢對象
- 探討人選的工作目的（階段性）與職涯規畫（短、中、長期）
- 了解人選目前的薪酬狀況及期待薪資與福利
- 工作地點、交通狀況與工作環境的要求

- 組織文化與管理風格的喜好
- 預訂異動的時間

展現親和力與同理心，營造一個對等、和諧、愉快的對話氛圍，是獵才面談成功的不二法則。因此，獵才顧問都有一套因應不同人選的溝通劇本，能游刃有餘、長袖善舞的發揮談話高手的功力。

高超的應對與聊天技巧，是優秀獵才顧問必具的重要能力。能「邏輯分析」「言之有物」「觀察細微」「觸類旁通」的藉由溝通互動來辨識人才，這種與生俱來、加上後天養成的特質，造就了卓越獵才顧問的價值與成就。

招募面談法簡介

獵才是最頂級的人才招聘商模，主要原因是獵才顧問為各行各業網羅人才，養成了卓越的招募技巧。此外，為客戶遴選高階主管及市場稀缺的關鍵人才，更必須仰賴卓越的識人能力，才能完成使命。

獵才顧問必須了解招募面談的方法，且融會貫通，展現在與人選的溝通互動中。就像武林高手要打通任督二脈，才能練就絕世密技。

以下簡介幾種常見的面談方法。

1.結構化、非結構化、半結構化面談：

a.結構化面談：

設定固定的問題及預期回答的內容，同時訂有嚴謹的評分標準。

b.非結構化面談：

面談者均在無固定模式及框架的前提下進行對話。

c.半結構化面談：

設定標準的規範；另外，也佐以隨機提問及追問細節的過程來進行面談。

2.行為事例面談法：

此種面談方法，獵才顧問需掌握「CAR原則」(狀況〔Condition〕、行動〔Action〕、結果〔Result〕)，以預測面試者未來展現的行為。

Condition：在什麼樣的情境之下，發生了什麼事情？

Action：對於情境的反應是什麼，過程中如何處理？

Result：事情最後的結果如何？

舉例來說，若想要了解應徵者的溝通協調行為，運用行為事例面談法，可以運用CAR原則來進行提問：

狀況 Condition	行動 Action	結果 Result
請談談你過去在工作上與部屬及主管溝通失敗的經驗。	你如何面對這個失敗與錯誤？用什麼方法處理？	結果如何？你學習到了什麼？

透過人選的實際案例，逐步深入探討，利用過去的行為來推斷未來的行為，從中觀察求職者的表達內容與事件過程，找出符合期待的關鍵行為。

測評工具在獵才商模的運用

高階人才的面談，是否需運用測評工具，這個議題在獵才市場有許多的討論。綜合專業獵才專家的看法，普遍認為經過獵才顧問精挑細選的人才，都是歷經知名公司的考驗，在穩定性、工作績效及人格特質上有一定的市場口碑。

此外，能通過獵才顧問的鷹眼審查，及企業設下多重關卡（包括人選資歷查核）的錄用門檻，應該能確保招募的嚴謹度。

然而，「人才是相對優秀，不是絕對優秀」，經營者都有不同的用人習性與標準，企業可自行運用企業的測評系統，對人才遴選進行把關。

5-12 讓企業眼睛一亮的人選推薦信

顧問好不容易找到符合企業需求的人選，製作一份「量身訂做」「有亮點」的推薦信，是敲開客戶心扉的重要鎖鑰。

> 我與Catherine一同拜訪上市的食品公司，人資協理親切的接待我們，她非常肯定Catherine的專業與服務，她說：「面對不同獵才公司所推薦的眾多人選，我會優先考慮Catherine引薦的人才，因為她遞送給企業的推薦函總是條理分明，除了檢附人選的詳細履歷之外，顧問的『推薦原因』與『意見具申』十分清晰明確，也能切中公司的需求。」
>
> 我很少聽見客戶對於顧問的推薦函有如此高的評價，這也證明Catherine真的非常用心的為人選與企業建構互動的橋梁。

Catherine擁有美國人力資源名校的博士學位，曾在大學任教。因此，具有很好的研究專業及文字表達能力，這是獵才顧問一項非常重要且容易被忽略的關鍵技能。

提供給客戶的推薦函，如果只是整理人選履歷表的重點，而沒有顧問獨立客觀的判斷與評論，以及闡述人選能為企業做出的貢獻與未來的發展潛力，這樣的推薦函要能讓企業人資及用人主管接受，火候還差一大截。

我經常檢視許多顧問的推薦函，總覺得還有強化的空間。

> James從104人資學院調任獵才單位歷練，他曾經承做國內汽車大廠委辦的電動車研發主管案件，為客戶推薦的人選年齡已逾60歲，在電池及電動車相關領域的資歷與經驗很豐富。然而，客戶一方面擔心人選的年齡過高，恐怕無法勝任高強度的工作壓力，又質疑人選的專業經驗與企業的需求有落差，因此，人資不願意提交顧問推薦的履歷供主管審查。
>
> James花了一周的時間，每天待在辦公室直到深夜，周末假日也進公司加班。他在網路中搜尋電池及電動車的相關技術與理論，整理了厚達數十頁的專業補充資料，終於說服企業人資人員，協助安排用人主管與人選面談。最終，這位資深人才的專業，得到了認可，也取得汽車大廠的錄用聘書。

顧問鍥而不捨的強化推薦函的內容，終於讓原本不可能的案件起死回生，不但協助對的人才得到一展所長的舞台，也獲得客戶的肯定與認同。獵才顧問千萬不要忽略了用心為人選撰寫推薦函、提供「強而有力」證明資訊的重要性。

完美推薦函的8項重點

獵才顧問在茫茫人海中，像大海撈針般的找尋合適人選，透過履歷審查、電話聯絡及親自面談的程序，才能確認符合企業的人才。而推薦函就是引薦雙方合作的重要關鍵觸媒，以下列舉推薦函的內容項目。

- 推薦的職務及推薦顧問、推薦時間
- 顧問推薦的原因及人選能為企業做出的貢獻與績效
- 人選的基本資料（包括照片、學／經歷、年齡、居住地及聯絡資訊）
- 專業符合原因說明（硬實力：工作經驗、具體成績、成就／專利）
- 工作理念與人格特質（軟實力：個性、管理風格、溝通模式、文化適應、職涯發展）
- 人選能到職的時間
- 年薪及福利條件
- 其他附件（例如：作品、著作、媒體報導、相關證照等）

此外，在推薦作業階段，顧問最常出現的問題是過度包裝人選的能力，或是大幅提昇人選的年薪。這樣的行徑，一定會被企業看破手腳，也損及人選的工作權益。

獵才顧問務必忠實的面對人才與企業，保持誠信的態度。誇大虛假的陳述，不是一位專業顧問應有的行為。即使僥倖成交了案件，也會為未來人選與企業的互動埋下引爆的地雷。

104獵才作業平台中，會保留完整作業資訊，人選的推薦函亦可供顧問查詢與參考。藉由集體智慧及系統的輔助，讓獵才顧問的推薦作業如虎添翼。

5-13 與企業獵才窗口的聯繫與溝通

獵才顧問與企業互動的承辦窗口，大多是負責招募的人資（企業人資單位依分工規畫，有人資招募人員統籌所有招聘作業，也有重視多元招募的公司會將獵才工作獨立區分，委由專人負責）。

每家公司人資人員的資歷、背景與被授予的權責，及對產業與產品的了解程度均不相同。所以，獵才顧問必須審慎因應與人資的溝通協調、互動模式，才能有效推動獵才的服務。

在獵才執案過程中，除了基本的職缺規格與條件的研討之外，有以下幾個溝通重點。

了解企業特性，協調及規畫推薦速度

每家企業的獵才需求不同，對於獵才服務的認知與要求也有所差異。有些客戶希望顧問多推薦人選，再逐一比較、挑選符合的人選安排面談。

也有客戶期待獵才顧問，善盡「精準獵才」的精神，先行嚴選人才；最好從兩、三位人選中，就能找到符合需求的人才，不要把企業人資及用人主管當成篩選人才的小助理，一股腦兒的把履歷表塞給企業。

客戶百百種，顧問必須清楚你的對手是誰？掌握企業承辦

人與用人主管的特性與期待，才能有效規畫工作的節奏。

此外，獵才案件的平均成交天數約為3個月，甚至有些高難度的個案須花費1至數年的時間來執行，所以如果不能與企業窗口保持密切且良好的合作關係，獵才案件很難功德圓滿、修成正果。

為推薦人選爭取企業面談機會

獵才顧問費盡千辛萬苦、好不容易推薦出人選，最怕的是得到「人選不適合」「企業不面談」的回應，這會讓原本的努力功虧一簣，工作流程重新回到確認需求、搜尋人才的起點。

因此，除非人選明顯不合適，或是遇上了頻繁調整獵才條件的客戶，否則，獵才顧問一定要適度堅持，說服客戶進行面試安排，為人選爭取與客戶互動的機會。

依獵才顧問的實務經驗告訴我們，客戶單看人選履歷表，無法完全了解求職者，一旦親自面見人選，就可能翻轉了原本的既定成見。

此外，中高階主管具備針對不同情境，論述與意見具申的能力。優秀人才展現的氣質及企圖心，能讓企業用人主管或是經營者感受人選的特質與潛力。也有企業主在與人選接觸後，重新調整了用人的方向與條件。

此外，就人才的角度而言，獵才顧問竭力促成雙方面談，也能消弭人選對企業的諸多疑慮，並親自體會企業文化與了解經營概況。

許多卓越人才會接受規模較小或是營收較低的企業錄用，經常是感受到經營者的個人魅力與風範，而滋生惺惺相惜、相見恨晚的緣分。

中高階人才與企業的互動，不是單純的物理現象，而是更為複雜的化學變化。「高來高去」的獵才商模，永遠有著無限的想像空間。

經過獵才顧問「慧眼獨具」相中的人才，必須努力促成客戶「眼見為憑」的機會，讓雇傭雙方碰撞出攜手合作的火花。

James發掘了一位行銷高階主管，覺得非常適合推薦給家用品銷售的委託企業，無奈這位人選的年薪高達200萬元，與委託公司設定的薪資預算150萬元，足足有50萬元的差距。就在James想放棄引薦時，人選建議顧問，持續完成推薦作業，同時盡力促成他與總經理的晤談，其他的問題，他會自己解決。

總經理雖然告知顧問，人選要求的年薪已超過任用的標準，但仍在James的勸說下，撥出時間與人選見面。

神奇的事情發生了。人選的人品風範、專業素養、表達能力與工作企圖，讓總經理大為讚賞，最後核定的年薪居然高達250萬元。

顧問很慶幸沒有因為薪酬差異而放棄溝通與推薦，終能成就了一樁原本覺得不可能的案件。

面談結果的徵詢與研討

安排人選與企業面談，顧問除了在面談前會穿針引線的提供雙方相關的資訊外，面談結果的研討與評估，更攸關案件的成敗。

獵才顧問安排人選參與企業面談，就像球隊教練遴選球員上場打球一樣，在場邊奮力加油吶喊的同時，內心也是忐忑不安，期待自己的識才能力獲得企業的認可。

人選若能符合企業的需求，在面談中攻城掠地、成功達陣，是獵才顧問最大的成就。

參與企業面談通常會兩個結果：「合適」或「不合適」。如果人選不適合，顧問必須清楚了解原因，以做為重新搜尋、推薦人選的參考依據。

然而，這個重要的階段，顧問卻可能完全無法掌握真實的狀況，因為人資窗口可能的回覆是：「主管只說不合適，但沒有交待原因」，或是即使回饋了理由，也是不清不楚、難以捉摸的迷霧彈，經常會引導獵才顧問進入偏差的執案方向。

在與企業溝通聯繫時，接觸有決定權且提供正確資訊的管道十分重要，如果在彼此互動的過程中，無法得到精準的訊息與反饋。獵才顧問就要重新評估、思考案件的可承做性，以免原地打轉、徒勞無功。

> Alan是獵才業績的常勝軍，他之所以能精準的推出符合企業的人選，有兩個關鍵的原因。其一，是他努力爭取與總經理與用人主管溝通的機會，其二，每場企業與人選的面談，他都爭取共同參與。
>
> Alan主張陪同人選參加企業面試的理由是，可以更清楚了解公司的用人需求，此外，能藉由彼此的詢答，蒐集企業重視的招募條件。也從用人主管與人才的對話中，判斷合適與不合適的潛在原因。此外，站在中介者的立場，為雙方緩頻及增進交流的廣度與深度。

很多顧問都覺得不可思議，企業怎麼會同意顧問參與面談會議？

這就是Alan的致勝能力。任何有助於讓人才與企業相互了解的作為，都值得扮演職涯經紀人的獵才顧問去嘗試與突破。沒做，怎麼知道不可能？

5-14 凡走過必留下痕跡——人選資歷查核

企業運用獵才模式延攬中高階主管，是為了找尋有即戰力的卓越人才。耗費了時間、心力與金錢，如果用錯了人，不但賠了夫人又折兵，又會陷入「請神容易、送神難」的窘境。

進用不適合的中高階主管，影響的不是只有薪資成本、培訓費用或虛耗的時間，對管理、文化、工作任務及組織成員的衝擊，更是巨大的傷害。

為了確保不會用錯人，獵才顧問會針對人選的資歷背景及工作表現進行資歷查核（reference check）。身為媒合雇主與人才的職涯經紀人，必須審慎且嚴謹的進行這項重要的驗證作業。

資歷查核的內容，不只有專業能力與績效，還包括更重要的人格特質、溝通協調、管理風格、團隊協作、文化融合等項目。透過熟悉人選的第三方觀察及評價，補強企業對人選的了解，增進合作意願與任職成功的機會。

因此，大家要積極且正面的看待這個雖敏感卻對雙方有利的重要工作。獵才顧問或企業人資進行資歷查核的步驟，有以下4項可供參考。

1. 請人選（求職者）提供可供查核的對象：

一般為曾共事的直屬主管或專案合作的同儕，為了確保符合法令及避免爭議，最好有人選簽署的書面同意文件，讓作業嚴謹且周延。

2. 準備詢問的問題：

針對人選的概況及企業想釐清的問題（硬技能或軟實力）規畫詢問的題目，盡量以開放性問題為主，以引導對方提出看法與意見。

3. 聯絡受訪者：

事前與受訪者約定，並安排完整的溝通詢答時間。如有需進一步了解的事項，可以請受訪者協助提供其他可諮詢的對象。

4. 記錄與評估：

製作詳實的紀錄，並結合面談資訊，完整評估人選的符合度，審慎做出錄用與否的抉擇。

在工作的過程中，許多同仁、上班族朋友或學生會邀請我擔任轉職新工作的資歷查核對象，所以，我有很多與企業人資互動交手的經驗。在被諮詢的過程中，有經驗老道、準備充分的招募人員，也有蜻蜓點水、虛應了事，徒具形式的互動案例。

然而，招募作業中，企業運用資歷查核來多方了解應聘人選的頻度愈來愈高，是不爭的事實，尤其是中高階人選及關鍵人才（例如業務、研發、行銷、財會、生產）等專業職務。因為，公司希望聘用人才能夠多方徵詢與驗證，避免產生盲區或誤判。

看到這裡，大家應該知道，為什麼在工作中要廣結善緣、與人為善，也要認真做好份內的事，不要留下負面評價。這樣，才不會在轉職下一份工作時，找不到幫忙背書的前主管與同事。

此外，在資歷查核過程中，中箭落馬的不在少數。

有一個實際的例子，客戶委託獵才顧問招聘一位資深的人資中階主管，除了精熟選、訓、育、用、留的人資作業外，工作效率與速度也是用人主管很在意的人格特質。顧問推薦的人選通過企業面試，但在進行資歷查核時，透過與前主管及同儕詢答的蛛絲馬跡中發現，應聘人選在工作中無法展現敏捷、幹練的特質，即將到手的工作機會，就此憑空消失。

我想，人選可能很難想像，前主管幾句輕描淡寫的敘述，就讓煮熟的鴨子飛了。

獵才顧問執行資歷查核作業，詢答的問題，分類整理如下。

受訪者與人選的關係	
1	與人選共事的公司？（公司名稱／規模／產品或服務）
2	與人選的關係？相處時間多久？（主管／同儕／專案合作／其他）
人選的工作狀況與成果	
1	人選任職時間？職務及職掌，負責的任務／專案，承辦及投入的時間？扮演的角色？
2	重要的工作成敗事蹟及具體成就？
肯定與榮譽	
1	獲獎／晉昇紀錄
2	著作／專利／媒體報導／社群肯定
離職原因與薪酬	
1	人選離職的理由與原因？
2	離職時的薪資？
個性與特質	
1	人選的工作態度與處事／溝通模式
2	人選的人際關係
3	人選的領導管理風格及部屬評價
4	人選的向上管理能力與跨部門互動模式
5	工作與態度上的優點與缺點，有何需改進的建議
6	工作的潛力與發展性
其他	
1	對於新職的符合度看法與評估？
2	未來有機會，是否仍願意與人選共事，為什麼？
3	其他可回饋的意見與想法
4	如有需求，可否提供其他的受訪者，接受諮詢
結束詢問及感謝	
1	誠懇感謝及建立關係

一家知名飯店，透過獵才招聘了一位總經理，入職一個月表現都很正常，第二個月財務主管發覺他的手腳不太乾淨，有收受賄賂的嫌疑，同時與內部女員工有不正常的關係。

經過詳查，這位總經理在先前的工作，曾因挪用公款被告上法院，與女員工也屢傳糾纏不清的醜聞。

企業快速辭退了人選，而獵才顧問也因為沒能詳查人選狀況，除了退回全額的服務費，也備受董事長的責難。

資歷查核的限制因素

由於台灣個資法的規定，企業對人選進行背景調查必須經過人選的書面同意，並且由人選主動提供對象，這樣的保障措施，也讓資歷查核可能徒具形式。因為人選多半會找與自己友好的主管或同僚，甚至「套好招」來回應獵才顧問及人資的詢問。

實務中，也曾發生人選請朋友假冒前主管的身分來應對資歷查核的案例。這時候，有經驗的獵才顧問就要展現辨識及專業的詢答與溝通技巧，抽絲剝繭、旁敲側擊，藉由資歷查核來驗證人選的工作態度與專業績效。

除了獵才顧問、企業人資會進行人選資歷查核之外，企業經營者及同事也會在人選到職前後，透過人脈及朋友私下進行調查與徵信。

分享兩個實際的案例：

> 科技上市公司錄用了一位研發副總經理，完成例行的資歷查核作業後，人選成功入職。然而，總經理神通廣大，在新人任職一個月後，從業界朋友中得知了不利人選的訊息，快速辭退了這位高階主管。
>
> 另外有個類似的例子。業務主管上任一年後，公司同儕在與業界人士互動的過程，發現人選偽造了工作的成果與績效，連學歷也不真實，即使這位人選在新公司表現正常，但還是被委婉勸退，黯然去職。

「凡走過必留下痕跡」，是大家朗朗上口、耳熟能詳的一句話。如果運用在上班族求職／轉職的資歷查核作業，上班族如何面對每一次轉職，企業進行的徵信及查詢作業，頗值得在職場跑跳多年的上班族們省思。

勿向人選的現職公司進行資歷查核

這是一個人力資源的基本觀念，但是，仍然有企業人資或主管會誤觸地雷。在獵才或是招聘作業中，務必嚴謹保護求職者的隱私及就業安全，尤其是在職中的人選，千萬不要因為企業的一己之私，導致人選身陷尷尬場景或去職的風險。

5-15 薪資攻防，獵才成功的關鍵戰役

顧問推薦的人選，歷經「過五關斬六將」的層層考驗，通過了企業的面試，到了談判薪資的階段，案件只差臨門一腳。這個重要的環節，獵才顧問會與雙方溝通薪酬的議題。

雖然，在承辦案件的初期，企業已提出用人預算，人選也告知希望待遇；但是，經過面談互動，雙方都可能重新評估合作的籌碼。顧問必須站在企業人事預算、人選的希望待遇及人才市場的薪資行情等三個基礎，來進行協商，這個階段經常會產生認知不同及需求差異的問題。

企業希望用較低的成本找到好人才，而人選則期望有10%至20%的薪資增幅，這個難解的習題，如果處理不好，獵才案件就會以失敗收場。

有30%的案件，失敗的原因是「薪水談不攏」。顧問每每垂頭喪氣的說：「案子掉了！」通常都出在薪酬問題上。

一般而言，獵才案件的薪資談判，應由獵才顧問協調雙方，以達成共識。但也有客戶希望主導核薪的作業，直接與人選溝通。

不論採用何種方式，顧問都應該隨時掌握狀況，以積極促成人選到職。

小紅為了企業與人選的核薪問題傷透腦筋。人選

希望待遇100萬元年薪，但公司卻只願意付90萬。她心想，當初與總經理溝通委辦案件的薪酬預算，總經理豪氣的表示：「薪資無上限，只要人選符合公司的需求。」

然而，人選卻私下告訴小紅，最後一次與總經理面談時，他卻希望人選共體時艱，先接受較低的薪資。人選開玩笑說：「還沒入職，就要共體時艱，那上班後豈不是要任由公司予取予求。」

這個案件終於在雙方互不退讓的堅持下，導致破局。小紅無言以對，多日的辛勞，終究因為價碼談不攏而化為泡影。

公司會採用獵才模式招募人才，大部分的原因是優秀人才得之不易，或是崗位急需戰力補充。因此，建議企業在人才稀缺、好人才「可遇不可求」的趨勢下，認真思考放寬薪酬的區間，尤其獵才顧問經過大海撈針才覓得的合適人才，如果因為薪資落差而錯失合作機會，實在是非常可惜。

此外，企業招募的核薪作業，不能只考量自身的薪酬規範，而應該以人才的市場價值來做為核薪的依據。

5-16 企業核發錄取通知書

獵才顧問最開心的案件結局，就是企業肯定了人選、完成核薪作業，發出書面錄取通知書（offer letter），而且人選也在期限內簽回，這代表案件終於開花結果、可以開香檳慶祝了。

然而，有經驗的獵才顧問都知道，人選沒有完成報到，案件尚未塵埃落定，一切都還有變數。

不論是透過獵才推薦的人選，或是主動應聘的上班族朋友，歷經辛苦的溝通與面談過程，取得了錄用，終於可以放下忐忑不安的心情，享受謀職成功的成就感。當然，接下來就是審慎抉擇，在期限內簽回通知書，以確認雙方的合作意願。

錄取通知書的內容

有制度的企業，會核發書面聘書給錄取的人選，錄取通知書內容會載明下列事項：

- 任職公司及工作職稱（職等職級）
- 報到時間
- 需繳交的資料（身分證、學歷證書、離職證明、退保單、體檢報告、銀行開戶存摺等）
- 工作地點

- 工作職掌、隸屬部門、直屬主管、管轄幅度、橫向部門關係
- 薪酬與福利（月薪、獎金、津貼、紅利、年終、年薪、股票）
- 工作時間與假勤規定
- 其他註記及約定事項
- 錄取信簽回有效時間（一般為7天）

無論是獵才或是企業自行招聘，仍然會發生企業及人選在發出或簽回錄取通知後因故反悔的狀況。因此，有作業嚴謹的公司會在錄用通知書中加註企業及人選違約的處理條款。例如：若是企業核發錄取通知並在人選簽回後取消聘任，將賠償3個月薪資；而人選同意聘任卻未能報到，同樣須付出3個月薪資的補償。

許多的中小企業會使用簡略email或口頭通知的方式來錄用求職者，這也衍生了許多的爭議事件，例如，企業片面取消聘任決定，或是到職後發生薪酬與權益認知不同的糾紛。此外，對於在職中的上班族，沒有書面的錄取通知，貿然離職，也可能發生進退維谷的窘況。

獵才顧問居中媒合的案件，一定會有書面的錄取通知書，以確認雙方的權利義務，以免橫生枝節。但是，仍有很多的獵才案件，人選會拒絕錄取，這是一個讓獵才顧問與企業心碎的

結局。

人選有很多的理由會放棄錄用，例如：被原公司慰留（加薪、昇職）、有其他更好的工作機會、交通因素、家人反對，甚至神明不同意等等千奇百怪的原因，都會讓案件破局。

Eddie在周會中分享執案的心得。他描述許多中高階主管面臨職涯轉換的關鍵時刻，在舉棋不定、左右為難的徬徨無助中，仍會求助神明的指引。

曾經幾位拒絕錄取的人選，都是在求神問卜後臨陣退卻。Eddie開玩笑說：「顧問不是輸給自己，而是敗給了媽祖等眾神明。」

因此，獵才顧問要練就「泰山崩於前，面不改色」的心態。因為人的想法與意念，本來就變化莫測、難以捉摸。

「平常心」是獵才從業人員，面對高變動商模，經過千錘百鍊後，最常掛在嘴邊的一句話。

顧問面對變化頻仍的執案過程，從案件失敗的患得患失及難以釋懷，成長到降低案件失敗的衝擊與影響，才能持續維持執案的能量與節奏，樂觀積極投入工作。

這是一段自我療傷、自我激勵的蛻變過程。能快速擺脫案件失利的陰霾，才能在獵才顧問的職涯中乘風破浪、勇敢前行。

5-17 人選報到才是王道

大家如果認真的閱讀本書，應該會發覺，要完成一個獵才案件，必須克服許多的變數與挑戰。要找到與企業情投意合的人選，為雙方搭起合作的橋梁，並不容易。

經過獵才的嚴謹流程，企業與人選是否可以像童話故事中，歷經艱險的王子與公主，成功締結連理，從此過著幸福快樂的日子？

小紅滿心歡喜，準備恭賀人選第一天到職，沒想到，迎來的卻是企業人資驚慌的來電：「人選沒來報到。」

顧問想著上周還與人選確認報到時間，絲毫察覺不到異樣。周一上午的這通電話無疑是晴天霹靂，一下打懵了腦袋。

人資無奈的表示，公司為了展現對高階主管的禮遇，重新整理了辦公室、連名片都已印好，報到日也安排主管的歡迎見面會。從她的語氣中，可以聽出錯愕與惶恐。

小紅連忙致電人選，卻沒有任何回應。此時，顧問只能無語問蒼天，面對失聯的人選及氣極敗壞的企業人資與用人主管，心酸與淚水只能往肚裡吞，因為後續的善後工作，還得戴上鋼盔、頂著客戶的責難，逐一化解與處理。

除了人選不報到的風險，獵才顧問更憂心報到後的工作適應狀況。

台灣中小企業的組織文化多元且複雜，曾有透過獵才顧問成功引薦的人選表示：「自己到任的第一天，就聽聞資深員工在茶水間打賭，預測新任的業務主管撐不過3個月。」

原來，他已是一年內到任的第3位業務主管，前兩位都在短期內陣亡。

老員工不理會新進人員，甚至採取不合作的態度等排擠新人的陋習與包袱，普遍存在既有的組織文化中。

如果，企業無法改造及塑造留任人才的氛圍，很難引進生力軍，也會讓人力資源出現逆向循環。

一位資深的女性專業經理人到跨國的食品公司報到，到職當日的中午過後，她就致電獵才顧問：「從上午9點進公司，都沒有人搭理我。連面談錄用我的董事長也出差國外，沒交待組織與人員相關的事宜。」

獵才顧問只能請她穩住陣腳，靜觀其變。同時，緊急聯絡董事長及人資，溝通狀況及解決問題。

企業經營者都將人才的重要性掛在嘴邊，但是，實際的狀況卻與說法有很大的落差。提醒企業主管必須言行一致，將重視人才的承諾落實在日常的招聘工作中，才能讓新進員工融入工作團隊，發揮生力軍應有的效益。

5-18 獵才顧問牽腸掛肚的「人選保證期」

什麼是獵才商模的「人選保證期」？

企業透過獵才方式延攬人才，其中「人選保證期」的規範，是確保企業付出高額的服務費後，人才短期間離職，蒙受「人財兩失」的損失所訂定的補救措施。因為優秀人才如果不能穩定任職，就無法展現績效，這也考驗著獵才顧問的招募與識人能力。

一般而言，保證期會依人選的年薪來訂定（年薪愈高，保證期愈長），約為30天至120天。獵才成交的人選，在保證期內無論是因為績效不符公司需求，或是人選自行提出離職，都屬於「保證期失敗」。

獵才顧問須無條件遞補一位合格人選（通過企業面試認可，並完成到職）。或是，客戶結束案件委辦，依合約規範，退回50%的服務費（企業可由兩個解決方案中，擇一處理）。

通過獵才管道空降企業的主管，承受很大的壓力與挑戰，不僅要發揮專業的即戰力，快速展現救援實力，也必須承受主管、同儕及部屬的嚴格檢驗。即使獵才顧問耗費心力、嚴謹招聘人才，仍有近3%的案件會落入「保證期失敗」的狀況，這是大家最不願意見到的場景。

許多獵才人選進入企業後，因為過於躁進、急於展現官威與改革的作為，誤觸了經營者的容忍底限；或是大刀闊斧的行事風格，遭到同儕排擠、部屬抵制，最後落得掛冠求去的下場。

也有心存僥倖的求職者，藉由獵才顧問的引薦，抱持「試試看」的心態，進入企業後，屁股還沒坐熱，就倉促閃人。

這樣的現象，大多發生在人才市場供需失衡的職類上，例如：科技工程師、網路行銷、銷售業務等。由於企業需才孔亟，遇到資歷條件符合的人選就發出任職邀約，而獵才顧問也急於滿足客戶的需求，未審慎評估及驗證人選的工作穩定性。

中高階獵才人選如果在保證期內離職，對於企業、人才及顧問而言，三方都是輸家。

許多企業擔心獵才的人選會有再被挖角的風險，或是曾經發生透過獵才顧問延攬的中高主管未通過保證期、人選服務時間過短等的經驗。因此，對於收費高昂的獵才商模心存疑慮。

獵才服務是由顧問承接企業需求，「量身訂做」找人才的商業模式，獵才顧問須付出專業與心力。此外，溝通說服優秀人選的過程艱鉅且冗長。這些過程都導致服務的成本居高不下。但是，人選能否留任，就回歸到企業與人才的相處與互動，這是一個複雜且嚴峻的議題。

留任人才，是每位企業主必須重視且長期投注心力的使命，如果將人才無法留任的責任，完全加諸在顧問身上，顯然並不合理。

拜託人選撐過保證期，並非明智之舉

獵才主管要求顧問在人選報到任職後，隨時關注動態，以提供必要的協助。然而，多數的顧問對於這項作業卻是左右為難，因為企業與人選不希望獵才顧問在人選投入工作後，過度與人才聯繫。

他們認為，顧問的引薦工作已告一段落，人才一旦進入公司，企業與人選應回歸正常的雇傭身分，扮演工作指派與承責執行的角色。然而，獵才顧問的履約責任必須延續到人選「過保」(通過保證期)的那一刻，案件才算完整結束。

少數人選在保證期內發生異動的狀況（企業欲辭退人選，或是人選主動提出離職），這時候，顧問會在第一時間接到人選或企業的通知，剛慶祝完案件成功的喜悅心情，頓時從雲端跌落谷底。

緊接著就要整理思緒，處理企業與人選的紛爭與糾葛，這代表案件必須重啟，以遞補另一位合格的人才。或者，一旦無法順利補上替代人選、或是企業決定停止委辦，就須將50%的服務費退還給客戶。除了顧問的績效打折扣，客戶與人選也會對顧問有所責難，未來合作的機會將萌生變數。

顧問在面對人選不適應新工作的狀況，會私下請求人選撐過保證期。而熟悉獵才合約內容的人選，也會配合在「過保後」再離職，以確保獵才公司及顧問能完整的獲取案件的利益。

但是，這卻不是正確的舉措。面對這樣的兩難局面，顧問首先要做的是，了解事情的來龍去脈，同時釐清人選與企業的想法與處境。

回歸到獵才商模及成功媒合的初衷，理解哪些人、事、物產生了落差，以致在短時間內，企業與人選就走上分道揚鑣的下場。

積極溝通、協調解決是必要的作為，就像初交往的男女朋友，難免因為生活習慣、個性的差異而產生衝突與口角。只要獵才顧問適時居間調解，有機會讓雙方化干戈為玉帛。

大約30％的保證期危機案件，能在顧問的排解下獲得解決，大家願意重修舊好、繼續合作共事。但是，爆出保證期失敗危機的案件，有近七成會淪入「怨偶分手」的結局。

理解獵才保證期的內涵，以及企業、人選及顧問面臨危機的心情，大家有著共同的認知：「組織招聘作業，如果錄用人選短期離職，對企業與人才都會造成莫大的困擾與傷害。」

為了避免這樣的窘境，企業須嚴謹分析招募的成效，同時針對歷史的數據與經驗來謀畫對策。這需要經營者、用人主管及人資共同參與，才能有效精進招聘作業，提昇成功率。

即使委由獵才顧問延攬人才，也要切實依SOP層層把關，讓人才與企業互利雙贏。

台灣貿易中心董事長王志剛曾在震旦講堂一場探討「領導者十力」的演說中提到：「研究指出成功領導者的智力只比被領導者『略高』，成功領導者無須是『天才』，也不一定需要高學歷，但必須懂得用人，而且讓部屬做得很樂意。」所以，成功的領導者懂得用才，失敗的領導者大多是忌才。

獵才招聘商模，由顧問居間穿梭、溝通整合雙方的想法與意見，達到企業與人才達到「能做」「願意做」的合作境界。人選通過保證期是最低的獵才標準，促成人才與企業長遠的合作綜效，才是獵才商模存在真正的意義與價值。

5-19 滿意度調查與客訴處理

多年前的一個周三晚上，好不容易透過驚腳的導航系統，穿過田間小徑來到客戶的所在地，人資長一直在電話中婉拒我的到訪，直說：「那麼晚了，不必費心前來！」我請求人資長在公司門口碰面，用10分鐘表達我真心的歉意。

這段故事的緣由是：顧問推薦的人選，獲得企業的聘雇，這本是件好事，為什麼演變到須大費周章的向客戶致歉呢？

因為人資長在人選到任後，問了人選，104的顧問是否有與他親自面談，人選回覆「沒有」，只用電話溝通工作的內容與人選的意願。

人資長與人選都認為顧問的服務費賺得太容易了，也沒有善盡面談把關的責任，企業人資長來電數落了我們一頓，同時也提出服務費折扣的要求。

顧問未能善盡執案的責任，沒有親自驗證及評估人選，即使人選獲得了企業的聘用，企業仍然難以釋懷。不論是客戶與人選的經營，或是基於雙方委託招募的責任，獵才顧問在執案過程中沒親自拜訪客戶或面談人選，絕對不是稱職顧問應有的作為。

現在是「服務為王」的時代，企業提供的任何產品與服務，如果在銷售的過程中沒有得到客戶的認可，或是消費者的使用經驗不佳，一定很難持續推廣。

大家在日常生活中一定有相關的經驗：購買汽車、維修車輛後，客服人員會致電詢問車主的滿度度；到餐廳吃飯，服務人員也會在客人用餐後，禮貌的遞上意見調查表。撥打各行各業的客服專線時，廠商為了確保服務周全、清楚了解客戶的意見，徵得同意後實施全程錄音，是必要的措施。

這些做法，都是為了發掘問題、精益求精，有效提昇產品與服務的品質，打造企業的口碑與形象。

獵才服務必須取得客戶與人選的認同，並且透過成功案例，塑造專業形象。此外，藉由客戶與人選的引薦，是獲取客戶及優質人選的重要方式；因此，這個以「人」為標的的行業，特別重視滿意度的調查與後續的改善。

獵才客戶與人選的滿意度調查作業

獵才顧問的滿意度調查作業，區分為客戶與人選兩個層面。以下將調查訪談的內容，以表格方式說明如下。

獵才服務的滿意度調查內容——針對客戶	
區分	**滿意度調查內容**
專業表現	顧問對產業及產品的知識與經驗是否符合客戶需求？
	顧問對於職缺內容與人選條件，是否精確了解？
	顧問是否具備足夠的獵才專業知識？
合約內容	獵才顧問是否充分解說合約內容？
	獵才的服務合約內容，是否符合企業的需求？
作業與服務	顧問推薦人選的符合度？
	推薦人選的效率與數量是否符合企業需求？
服務與溝通	顧問與客戶的溝通與協調表現，是否符合客戶要求？
	顧問是否適時回報作業進度？
服務費用	客戶對於獵才費用的滿意度？
後續合作	客戶是否願意持續與獵才公司合作？
	客戶是否願意引薦獵才服務給其他企業？
整體評價	客戶對於獵才顧問的整體評價
開放式問題	請提出相關建議及意見

獵才服務的滿意度調查內容——針對人選	
區分	**滿意度調查內容**
專業表現	顧問對產業及產品的知識與經驗是否符合人選需求？
	顧問對於委辦職缺內容，是否精確了解，並詳細解說？
	顧問是否具備足夠的獵才專業知識？
人選隱私	顧問是否確認人選意願並提供「人才服務委託書」，完成電子簽核後，才進行人才推薦作業，以保障人選權益與隱私？

服務與溝通	顧問完成推薦作業後，是否適時回報進度與狀況？
	人選進入面談與聘任程序，顧問是否提供專業的諮詢與協助？
後續合作	人選是否願意持續與顧問保持聯繫，同時接受獵才服務？
	人選是否願意將獵才服務，引薦給其他客戶與人選？
整體評價	人選對於獵才顧問的整體評價？
開放式問題	請提出相關建議及意見

獵才服務由於需面對高變動性的客戶與人選，而且客戶委辦的案件成功率僅約30%，因此，要獲得良好的滿意度十分不易。很多客戶在顧問克服萬難，辛苦完成案件後，仍會抱怨及批評高昂的服務費用。

此外，要能得到人選的滿意，也不容易。因為中高階主管十分重視獵才服務的品質，如果顧問無法在專業、溝通及效率上有稱職的表現，許多人選仍會有負面評價。

然而，在獵才服務的過程中，104得到很多客戶與人選的好評，客戶與人選不吝惜給予顧問讚許與鼓勵，這也讓我們陸續與7,000家客戶建立合作關係，每年承辦的案件更是屢創新高，顧問接觸及推薦的人選十分可觀。

獵才服務的滿意度調查，可以藉由電子化問卷或是客服人員主動聯繫的方式來執行，而調查的時機，可以選擇在案件結束或過程中來進行。為了提高客戶與人選填寫問卷的意願，致贈貼心小禮物，可以有效增加回收量。

「滿意度調查」後續的分析、統計、整理開放意見及進行內部宣導與改善，是一項重要且需積極落實的工作。藉由客戶與人選的回饋意見，可以讓獵才服務走得穩健踏實，也能建立團隊的服務意識，提昇顧問的專業與能力，來面對各行各業交付的獵才挑戰。

CHAPTER

6 獵才顧問與人資的愛恨情仇

6-1 獵才顧問與人資亦敵亦友

服務滿一年的獵才顧問Jolly，埋怨企業人資將人選的條件改來改去。明明在溝通廠長的需求時，英文能力不是必要條件，好不容易找到3位有豐富生產管理經驗，也有意轉換跑道的電子廠製造主管。Jolly辛苦的加了三天班，詳細列舉推薦的理由，信心滿滿的寄出推薦函。

沒想到，才經過一天的時間就被客戶打臉。人資來電說：「推薦函已轉給主管。但主管說，因為公司計畫開發國外的客戶，所以廠長的英文說寫能力很重要，不然無法與客戶直接溝通，」她又說：「推薦的人選，如果現職待不到5年，總經理不會考慮。其次，廠長的候選人，必須有管理1,000人以上團隊的經驗。」

Jolly在電話中滿口稱是，心中不免犯嘀咕，這些遴選的條件，怎麼不在事前講清楚。她立刻提出斧底抽薪的建議：「可不可以安排與總經理見面，重新釐清委辦職缺的條件？」

電話一頭的人資只是冷冷的回了一句：「我是獵才的窗口，總經理不會直接與獵才顧問見面。」就結束了溝通。

這樣的案例，相信所有獵才顧問都曾經歷過，好不容易透過資料庫或是人脈找到的人才，一下子就被客戶回絕，不僅投入的心血功虧一簣，還得婉轉向人選說明，落得「兩邊不討好」的尷尬場面。

遇上這類問題，首先，獵才顧問必須捫心自問，自己是否在接案時，主動問清楚客戶對於人才的需求與期待。

我的觀察是，超過50％的顧問，並沒有用心與客戶溝通，只憑著書面的職位描述或是與人資的簡單研討，就急著投入搜尋人選的作業。或者，存著僥倖的心態，貿然的推出人選。

最後，遭遇像Jolly的狀況，終究是咎由自取，只能怪自己沒有做好事前的準備功課。

當然，企業獵才需求屢屢更改的現象在所難免，獵才顧問除了事前詳細溝通外，要避免做白工，就需仰賴執案的經驗與技巧，視不同的個案來因應處理。

獵才顧問的主要聯繫窗口是人資招募人員，在彼此互動的過程中，承辦人的態度與作為，是案件成敗的關鍵。獵才顧問與人資的關係是什麼呢？我認為，只能用「亦敵亦友」「既合作、又競爭」來形容。

「找人是人資的工作，委外招募很奇怪」的迷思

小美建議老闆：「招聘派駐海外廠長，委託獵才公司處理，較為快速且精準。」不料總經理卻冷冷的回了一句：「那公司找妳來，做什麼？」嚇得小美不敢再說話。

企業多半藉由刊登網路廣告來吸引人選應徵，並且由人資處理招募的流程與作業。許多企業主無法接受，支付了人資每月5、6萬元的薪水，竟然還要花錢找獵才公司，同時承擔高額的服務費。

專業分工的時代，招募管道十分多元，企業已無法完全親力親為；尤其中高階主管及關鍵人才不再透過網路應聘的方式謀職，反而傾向藉由人脈轉職或是與專業顧問互動研討，並接受獵才顧問的安排及建議，進行與企業的接觸。

然而，即使企業採行了獵才的管道來招聘人才，企業人資仍然扮演承辦窗口及競爭者的雙重角色。因為，人資致力人才的招募，希望搶先找到合適的人才，為企業省下服務費、也創造績效。因此，有些人資自然不會對獵才顧問太過友善。

招募資訊的落差，讓獵才顧問進退維谷

擔任企業獵才窗口的人資，如果無法掌握招聘人才的明確條件，很容易與獵才顧問產生溝通失焦的情形。尤其近年來企業委託獵才招聘，比例最高的是研發人才，這些職缺需具備的技術及專業，並非人資所能理解。因此，只能在「半知半解」中將訊息傳達給獵才顧問，雙方經常產生誤解及「雞同鴨講」的溝通障礙。

此外，獵才顧問想透過人資安排面見用人主管，也屢遭閉門羹。在訊息傳遞落差及無法跨越窗口溝通的狀況下，將會因為資訊不足而延宕了獵才的進度。

人資，不是只有招募工作

如果以員工100人配置1位人資的編制員額來評估，多數企業的人資就像是精明幹練的八爪魚，「選訓育用留」的各項人資及行政作業，統統得攬在身上。

然而，企業委託獵才顧問招募人才，成功招聘一位主管所需的時間，至少需要1至3個月，其中的聯繫互動自然十分頻繁。

疲於奔命的人資，只能投注有限時間來應對獵才顧問。這種「若即若離」的行為，都會讓獵才的工作難以運；如果遇上企業獵才意願撲朔迷離、意興闌珊，獵才顧問與人資的互動就

會更為艱難。

企業人資是獵才商模的重要推手

獵才顧問是一份以延攬人才為內涵的業務工作。從事過銷售的夥伴都知道，「客戶百百種」，要成功完成交易，要先取得客戶的信任與認同。

因此，獵才顧問除了具備產業知識與招募的專業之外，經營客戶的巧思與主動服務的熱忱十分重要。要因應企業不同的屬性與需求，如果沒有靈活權變、耐心細心、善體人意及與人為善的精神與態度，很難得到客戶的支持。

有些客戶希望獵才顧問每周回報進度，把顧問當成小秘書；也有些客戶希望顧問沒事別聯絡，避免工作受到干擾，將獵才的主導權掌握在自己手上。

企業人資與身為外部招募夥伴的獵才顧問合作，須在用人主管與顧問之間周旋，除了善盡溝通協調及排難解惑的責任外，也要扮演助攻人選的角色，其辛苦與重要性不言而喻。

在獵才工作的推展上，如果不是眾多專業人資人員的協助，獵才商模是無法快速在招聘市場上占有一席之地，同時受到企業與人才的肯定。我們樂見人資在多元招募的趨勢中，與獵才顧問形成專業分工的好夥伴，共同為人力資源的正向循環攜手合作。

6-2 企業人力資源部門的重新定位

從行政屬性邁向業務導向

一位竹科的人資高階主管告訴我一個人資深入敵營，招降敵軍的例子。

他說：「在公司的經營會議上，研發主管抱怨工程人力不足，因此開發工作屢屢延宕。」總經理十分不悅的指責人資部門，沒能有效招募足夠的研發人員。

人資處長飽受壓力，與同仁研討後，決定直搗黃龍、深入敵軍陣營。因此，利用晚上8點到10點，競爭對手研發工程師下班的時間，到同業的停車場交換名片，意圖爭取一些人選加入自己的公司。

這讓我想起，中國缺工嚴重時，工業區爭搶作業員的場景。經常是一輛卡車直接停在對手工廠前，大聲叫陣，以提昇500元至1,000元人民幣月薪的誘因，公然搶人上車，效果竟也十分不錯。

另外，一家網通上市公司的人資招募專員，被主管要求在一年內，藉由招募作業，拼出競爭對手的組織圖，並且要有各個崗位的職稱、職掌、從屬關係、人名及分機號碼，以利直接聯絡挖角。

搶奪人才到了這種地步，就可以聞到人才爭奪的濃烈煙硝味。因此，人資從業人員常開玩笑說：「現在的人資部門已從行政屬性變身為業務單位了。」

人資單位擔負企業人力資源發展的重責大任，必須善用專業分工的資源，同時與外部的徵才機構合作，讓人才源源不絕的進入組織，以因應持續成長的需求。

獵才顧問說：「經常接到客戶人資的催促電話，甚至三餐都打來問候，探詢人才搜尋的進度。連下班後及假日，還在討論溝通人選狀況。」

延攬優秀人才，已成為影響企業成敗最關鍵的課題。

人資人員從營運後方走上企業經營的第一線，為企業提供源源不絕的悍將尖兵。網路招聘、校園徵才、社群經營，隨處可見人資挖空心思、振臂疾呼的奮力招攬人才加入陣營，在同業及異業的競爭中，扛著公司旗幟爭搶人才。

人資投身的人才爭奪戰，絲毫不遜於業務人員爭取客戶訂單及採購人員與供應商議價。其勞心勞力、不畏艱難的精神，值得企業肯定、支持與鼓勵。

人力資源發展攸關企業競爭力及永續經營。以下分享人資升級及招募留才的8個重點，供企業經營者與人資夥伴參考。

1. 人資部門的轉型升級：

因應企業多元挑戰及人力資源的策略性目的，人資部門的功能與組織發展、研發、業務、生產密切結合。因此需要具備理工、行銷、資訊科技等專業背景的人才加入。

許多企業的人資主管由非人資背景者轉任，能夠融合多元能力，推動人力資源部門的轉型與發展。

2. 擁抱科技，刻不容緩：

跳脫傳統行政作業的包袱，人資作業流程結合新興科技（大數據、演算法、人工智慧），建構符合人性化的系統平台，運用行動裝置、網路，社群等工具，可以大幅提昇人力資源的服務品質及績效。

3.「預測」是人力資源決勝關鍵：

從解決現有問題邁向超前布署的挑戰，分析未來人才需求、人才儲備、判斷適任性及離職預測等作業，能創造企業人力資源的前瞻效益。擁抱科技是人資部門最需要努力的方向。

4. 多元招募管道、工作模式多樣化：

善用多元招募管道、聘雇多元人才，與獵才機構形成專業分工的夥伴，同時依照工作屬性，設計「遠距」「在家」「彈性」工作型態，滿足不同族群的工作需求。

在人才稀缺的時代，藉由人力資源的多元配套方案，達成企業的營運使命。

5. 儲備人才水池，人力資源不虞匱乏：

除了及時補充人才外，藉由校園合作、實習制度，以及經營離職員工、員工內推機制，長期儲備人才水池。

6. 薪酬福利、組織文化，形塑雇主品牌：

結合企業營運績效，規畫有競爭力的薪酬制度及多元福利措施、改善辦公環境，塑造優質企業文化，讓招聘、留才作業贏在起跑點。

7. 競爭細節的時代，精進招募作業：

21世紀是競爭細節的時代，企業必須隨時盤點招募作業流程，人資人員、用人主管的面談溝通必須達到專業的等級，才能有效引進卓越人才。

8. 用心做好新人教育訓練，是留才的第一步：

新人訓練是培育人才、建立新進員工良好印象的重要階段。企業務必嚴謹訂定課程與學習進度、設計完善內容，同時慎選內部講師、建立導師制度。做好新人教育訓練，是尊重及留用人才的基本功。

Part III

被獵者篇

CHAPTER

7 上班族如何與獵才顧問合作轉職

獵才顧問接受客戶委託「量身訂做」找尋合適的關鍵人才及中高階主管，這是目前企業延攬人才的管道之一。由於客戶多半是嘗試了許多方法（包括刊登人力銀行廣告或內部人脈轉介），都無法找到合適人選，才會請獵才公司出馬相助。

所以，如果獵才顧問找上你，你必定是一位兼具專業素養及績效卓著的職場人士。

獵才顧問與你聯繫時，有下列幾件事，提醒你關注與留意。

了解獵才公司與顧問的背景與專業

人才市場上，充斥著規模大小不一的獵才公司，顧問的專業程度也有很大的落差。提醒各位上班族朋友，先研判及評估與你聯繫的獵才機構及顧問，了解成立的時間、熟悉的產業及獵才績效與市場口碑。

此外，也要清楚顧問的資歷背景（擔任顧問的年資）與能力（產業知識與獵才經驗），據以評估是否具備足夠的技能與知識來服務人選。

確認獵才顧問推薦的企業概況及職務內容

對於獵才顧問推薦的工作，須詳細了解企業招聘的目的、職稱、管轄幅度、工作內容、績效要求、工作地點、薪酬福利及主管管理風格、企業文化等等。

一般而言，嚴謹的獵才顧問會提供書面的職缺介紹，有助於人選審閱及評估。因此，不要草率就接受顧問的推薦（可以告知獵才顧問需要時間思考，分析轉職的機會與風險及自己是否符合新工作的要求），以免讓個資滿天飛，也浪費彼此的時間與心力。

此外，獵才顧問「慧眼職英雄」，憑藉「通天本領」找上你，此時可以反問顧問：「為什麼認為自己適合這份工作？對於職涯發展的幫助是什麼？」考驗一下顧問的識人能力，避免淪為陪榜的人選。

準備完整詳實的履歷資料，及時提供給顧問

由於企業獵才強調的是「精準招募」，因此，一份針對職缺內容「量身訂做」的履歷表十分重要。尤其獵才職缺的年薪都在百萬元以上，人選的工作績效及成就的展現，絕對是企業關注的焦點。

如果決定接受引薦，請務必配合獵才顧問的作業，及時提

供詳盡的資料。同時，針對履歷表的內容與獵才顧問相互研討如何調整及補強，才能讓顧問有效率的為你進行推薦作業。

與顧問面談時，應提出具體工作成果與績效事蹟

獵才顧問會邀約人選進行「面對面」的溝通（如因時間及地域的不便，可以視訊方式替代。但見面研討，仍是最佳方案），詳細研討及評估人選的轉職意願及是否符合企業所需。

對於人選而言，這也是判斷顧問專業程度的好機會。如果你是中高階主管希望找到理想的職涯經紀人，藉以隨時掌握人才市場動態，並了解自己的身價，那麼結交優秀獵才顧問、建立人脈連結，是必要的作為。

與顧問詳細研討個人未來職涯發展及工作機會的關聯性

在職涯的各個階段，有著不同的謀職考量與需求，因此，面對獵才顧問的徵詢，務必詳細評估轉換工作的利弊得失。

此外，是否符合自我的職涯發展、能否勝任新職，家人、親友的意見，都要列入轉職的考量。

確認企業提供的工作內容、績效要求、組織文化及薪酬福利

相較於一般的轉職方式，有獵才顧問居間媒合，人選可以詳細諮詢工作的內容及提出自身權利與義務的需求。獵才顧問身兼企業與人才的經紀人，必須站在雙贏的立場來媒合雙方的想法與意願。

有別於企業與人才直接談判攻防的傳統求職方式，在專業顧問的協助下可以增加成功轉職的機會，也能夠得到公平合理的薪資與報償。

在企業提昇人資理念及招募工具與科技的進步下，未來所有人才，不論是初出社會的新鮮人或是炙手可熱的高端人才，都應該享有職涯經紀人的尊榮服務，改善人才市場「勞資不對等」的狀況。

與顧問合作製作詳實且聚焦的推薦履歷

稱職認真的顧問，會用心為人選撰寫一封詳實的推薦信，除了檢附履歷內容外，最重要的是詮釋引薦人才的原因。這是展現獵才顧問敏銳觀察力及論述能力的重頭戲。

如何讓企業接獲推薦函，就急著約見人選，這需要你與顧問攜手合作來完成。然而，即使顧問擁有「生花妙筆」的功

力，要能攻克崗位、登上職涯的光明頂，仍得具備「真才實料」的真功夫，才能通過企業面試的考驗。

顧問推薦後，依約前往企業面談

企業面談獵才人選，一定有很高的期待。因此，顧問與人選必須審慎溝通及演練，針對企業關注的問題，做完善的詢答準備。

顧問好不容易說服企業安排面談，卻仍有人臨陣脫逃，可能因為工作忙碌、排不出時間，或是反覆思考後打消了轉職的念頭，或是有更好的工作機會。

在此建議人選，不要放棄與企業互動的機會，公司會委託獵才招募人才，且應允會見人選，一定有禮聘賢才的企圖心。尤其如果企業經營者或高階主管出面接待，人選可以獲得公司經營及產業發展的第一手資訊，所以撥出時間與會，絕對不虛此行。

若是能覓得識才的伯樂，更是難得的際遇，請別錯過獵才顧問為你創造的職涯契機。

將與企業面談的訊息回饋給顧問

面談結束，與顧問討論過程及內容，同時由顧問徵詢雙方的意見與回饋；如果需安排複試，則與人選共同準備。

然而，如果人選與企業面談後無法擦出火花，這不表示人選不優秀，只是因為不能符合企業設定的標準。遇到這樣的狀況，獵才顧問必須抽絲剝繭的分析差異原因。

這樣做，有兩個重要的目的：第一，理性將原因告知人選，委婉說明推薦作業告一段落；第二，重新梳理搜尋人選的方向，重新啟動覓人的行動。

建議被獵才顧問推薦的人選，參與企業面談時，同步檢視溝通交流的過程，並且檢討互動的內容，為自己的下一次考驗，添增寶貴的實戰經驗。

企業委託的獵才案件，企業主都會以嚴格的標準審查人選的條件。所以如果獵才顧問與你聯繫面談後，未能獲得推薦，或是與企業面試後沒有獲得錄用，請不要灰心，也不要責備顧問。應該與顧問相互研討原因，可能是企業設定的條件與你的資歷背景並不吻合。只要你持續在工作崗位上努力學習、創造績效，一定會成為獵才顧問及企業眼中「高含金量」的人選。

適應企業文化、展現工作績效，建立職涯品牌

經過層層篩選，從眾多候選者脫穎而出，恭喜你擊敗了眾多對手，獲得了工作機會。

新任主管如何滿足企業主的期許，是一個嚴峻的挑戰。多

數獵才顧問相中的人選，都是產業中「出類拔萃、戰功彪炳」的佼佼者，這也是獵才商模普遍受到企業肯定的重要原因。

身為幕後英雄的獵才顧問，雖然是人才市場的藏鏡人，但絲毫不減其促進企業與人才攜手共進的關鍵影響力。

人才主動聯絡獵才顧問的優點與限制因素

許多有意轉職的中高階主管會藉由朋友及同事的人脈來聯絡獵才顧問，或是主動將履歷表寄給獵才公司，藉以尋求合適的工作機會。這是顧問獲得優質人選的來源之一。

主動積極的上班族，如果與獵才顧問建立關係，一旦顧問手中有符合人選資歷與專長的委辦案件，就能快速得到推薦。

但是，如果獵才顧問手中沒有與你專業相符的職缺，那麼顧問可能暫時無法提供協助，因為獵才是由企業啟動的服務。

舉例來說，一位電子產業的製造廠長與顧問聯繫後，一直等不到引薦的機會，原因就是，顧問手上沒有公司委辦的廠長案件。

許多中高階人才會抱怨獵才顧問不積極，他們認為：「以自己知名上市公司或外商的資歷，為什麼資料給了顧問，久久等不到消息。」如果大家了解獵才商模的內涵，就能夠體諒獵才顧問的難處。

當然，也有顧問會主動遞送人選履歷給熟識的獵才客戶，爭取創造新的獵才職缺。但是，這在現行的獵才市場，畢竟仍屬少數。

「英雄出少年」，獵才不再是中高階主管的專屬服務

台灣獵才的發展，至今已超過50年。長期以來，獵才都是專為中高階主管設計的商模。但是近3年，受到高齡少子化及科技業人才極度短缺、關鍵人才搶奪激烈的影響，25歲至30歲的年輕人也成為企業獵才瞄準的對象。

這是一個好現象，英雄出少年的趨勢，已為獵才添增新的柴火。很多優秀的應屆畢業生，將獵才服務視為重要的謀職管道。

假以時日，上班族「人人都有職涯經紀人」的時代，即將到來。

CHAPTER

8 上班族轉職評估及如何提昇競爭力

8-1 10項指標，驗證你夠不夠優秀

獵才顧問就像運動競技場上的球探一樣，隨時緊盯球場動態。球員希望獲得青睞、談判好身價，就要施展絕技，展現超群的球藝與潛力。

上班族努力拚搏職涯，無非想要卓越出眾、左右逢源，更上層樓，隨時受到雇主及獵才顧問的賞識。以下10項衡量職場競爭力的指標供讀者參考。

1. 傲視群倫的出身背景

學歷與科系是上班族的重要標籤，雖然這個印記將隨著時間逐漸褪色，但是，在劇烈競爭與國際化的職場上，擁有名校光環或是海外學歷，還是能吸引企業的目光。尤其是藉由優勢學歷背景所衍生的人脈資源與商機，絕對是工作上的一大助力。

具有高度成就動機的職場工作者，在多元進修的管道中，可以找到讓自己學歷鍍金的方法。

2. 工作資歷匯集目光焦點

企業找人才，工作經歷的審查不可避免，一份鑲嵌知名企業光環的履歷表，絕對會吸引企業人資與老闆的眼球。台積電、鴻海、聯發科、Google、微軟等等各行各業的龍頭企業，都在為你的優秀能力與條件背書。

能夠通過這些頂尖企業嚴格的遴選，獵才顧問及你未來的東家，將會對你更有信心。

3. 穩定性為職涯加分

有了頂尖學府與知名企業的加持，如果又能穩定任職，幾乎已經證明你絕佳的優質競爭力。這代表你能夠在高強度的工作環境，與一群聰明絕頂的主管與同儕共事。

穩定性會讓招募人資及用人主管安心，因為這個工作特質，是企業遴選及留任人才的重要觀察指標。優秀人才加上穩定發展，是組織創造績效的有力保證。

4. 戰功與績效，無可抵擋的致命吸引力

業務戰將打下新市場、創造亮眼營收；研發人員開發新產品、獲得專利，並囊獲商機，為企業賺進大把鈔票；行銷人員在FB粉絲團中殺出重圍、短時間聚集精準TA；生產製造尖兵致力改善製程、提昇良率、準時交貨。

這些具體、耀眼的績效，都是企業無法漠視的成就。精彩的成功故事是獵才顧問說服老闆的有效利器，而訴求「即戰力」的企業，都會要求獵才顧問協助網羅這些無可取代的優秀人才。

5. 與時俱進的專業與技能

大數據與AI的時代，新商模風起雲湧，軟體領導硬體成為市場主流，理工人才炙手可熱。文法商的專業知識如果不能與新興科技及工具結合，很快會被日新月異的職場淘汰。

例常性工作終將被人工智慧取代，2022年12月橫空出世的ChatGPT已經實踐了這個假設。因應人機互動的職場生態，盡快提昇工作與專業的附加價值，才是保命之道。

社群為王的趨勢，競爭已超越傳統模式，人人都有實體與虛擬兩個分身，並接軌元宇宙的新世界。在快速前進的環境中，如何善用碎片化時間，貫徹終身學習的行動力，將是上班族自我成長的重大考驗。

獵才商模的運行中，需要源源不絕的人才，不斷淬鍊成長，吸引慧眼獨具的獵才顧問及識才的伯樂，讓人才的價值持續彰顯。

6. 溝通表達是融合互動的基礎

現在是打群架的時代，集合一群人攻城掠地，必須仰賴高效的溝通技巧及清晰的表達能力，才能激發同理心，藉由交流互動及凝聚團隊共識，來達到克敵致勝、創造績效的目的。

獵才顧問發現，績效卓著的主管不僅在人際溝通技巧與同理心的展現上有過人之處，此外，更重視不同世代的交流與互動。如果要符合新時代的獵才需求，世代融合的能力和理念不可或缺。

7. 天下武林，惟快不破

世界正在劇烈的翻轉，未來是競爭速度的時代。誰能夠在「有限的時間，完成最多的事」，就能躋身贏家之林。

特斯拉創辦人馬斯克說過：「時間是唯一真正的貨幣，當世界局勢變愈快，不論對個人或企業，都必須全力找出能省時間、提昇效率的對策，這是在亂世裡持續獲利，保有競爭力的最重要祕訣。」

任何事不是「做好」「做完」就可以，還必須以最短的時間來達陣。目標任務不再以「周」或「月」來衡量，而是落實到每天、每小時來檢視。

「又快又好」是未來工作的要求標準，要證明你是否優秀而且無可取代，具備工作的速度與節奏感是職場的必備條件。

104創辦人楊基寬先生曾在主管會議中，勉勵全體主管，他說：「成功只差一個字。」隨後在白板上「把工作做完」的後面，用紅筆寫下一個大大的「美」。原本，「將工作做完」只是最基本的要求；想要成功立業，竭盡心力「做到完美」才是關鍵。

8. 高EQ情商，靠時間來淬鍊

有能力、又有高度成就動機的主管或上班族，通常追求完美、性子急又沒耐心。所以這項能力指標，要靠時間及歲月來淬鍊。

現在的職場，由錯綜複雜的人際網絡與無遠弗屆的虛擬世界所組成，是非曲直、善惡不分是混沌環境的真實寫照。

高情緒智商展現在為人處事、組織運作的範疇，也融合在職場紛擾、挫折成敗的從容與豁達中。企業獵才最怕找到EQ差的主管，這會搞得組織衝突不斷，絕非企業之福。

9. 自律是成功關鍵

去中心與扁平化組織方興未艾，遠距工作、在家上班及虛擬的專案團隊，各式各樣的變形組合，取代了科層式（bureaucracy）的傳統架構。

數位化企業的趨勢，不再需要主管來管理員工，高度責任心與自發主動的嚴謹紀律，是一位優秀人才的基本特質。

現代人最大的問題，就是管不住自己，如果要證明自己是新時代的優質人才，最好對自己要求高一點。「自律」與「責任心」絕對是獵才顧問眼中，一致認同的人才基本特質。

10. 誠信是無可取代的價值

「誠信」是獵才從業人員及獵才人選最關鍵的DNA。

科技公司洩密案件頻傳，違反競業禁止、營私舞弊、公器私用的職場工作者屢見不鮮，這些違背倫理與誠信的案例，都造成公司信譽重挫與財務損失。

「有德無才，其德可用；有才無德，其才不可用。」這是統一集團已故創辦人高清愿先生的名言，也是張忠謀等中外企業家延攬與考核人才的共同準則。不論社會新鮮人或是中高階主管，誠信絕對是論斷職場功過與定位職涯發展最重要的檢驗標準。

以上是企業與獵才顧問審查人才的10項關鍵指標。有企圖心的上班族精英，必須一步一腳印，靠著工作的洗禮及自我修練來培養與塑造，致力打造自己成為高含金量的優秀人才。如此一來，一定能在職場上炙手可熱、備受矚目，成為獵才顧問鎖定的對象。

8-2 轉職前，請認清5個事實

由於環境變化快速、個人職涯蘊含無限可能，因此，職場工作者轉換舞台的意願與機率持續攀高，藉由獵才管道轉職的上班族也愈來愈多。

在漫長的職涯旅程中，「換工作」是必然經歷的過程。但是，如何藉由工作轉換，得到更大的契機與成長，不致淪入愈換愈差的窘境，以下5個事實與認知，你不能不知道。

事情只會愈來愈難，不會有容易的工作等著你

多數人換工作，不外幾個原因：薪水太低、主管難搞、同事勾心鬥角、工作無成長、企業沒前景。因此想要找新東家，尋求更適合的發展空間。

但是，在這個充滿競爭與挑戰的環境裡，任何工作絕對是愈來愈困難，主管的要求也會愈來愈高，同事的價值觀與溝通態度更是十分多元。上班族想要得到一個盡如己意、自在輕鬆的工作，可能很難如願以償，也不切實際。

因此，求職者一定要能認清工作挑戰愈來愈嚴峻「不會有容易的錢等著你賺」的事實。不斷提昇自己的觀念與能力，才是職場生存的不敗法則。

2023年7月20日，超微（AMD）執行長蘇姿丰在陽明交大

的演講中說：「想培養你的商業能力，或甚至是你整體的技術能力，你必須選擇困難的問題，然後嘗試解決它們。之後，每一次你學習了，你下一次都會變更好。」

獵才顧問就是一項挑戰「高難度」的工作，在茫茫人海中發掘人才，並從千絲萬縷中找出企業與人才的合作綜效與交集，在不可能中創造機會。

「說到做到」是最基本的職場認知

職場中，永遠存在三種人。第一種人始終能夠超越主管的期待，他的目標凌駕組織的要求，這類人是職場中炙手可熱的常勝軍。

第二種人是最多的，一個口令、一個動作，必須靠著組織及主管，不斷的耳提面命、加油打氣，才能持續向前進。企業設計的KPI、考核制度，多半是為了讓這群在制度框架運行中前進的上班族而規畫的。

另外，有30%的職場工作者，即使耗盡企業的管理資源，卻無法達成任務與目標。這些人可能是企業招募時的錯誤選擇，也可能是故步自封、無法與時俱進的組織包袱。

「敷衍卸責」「只會說，不會做」「自掃門前雪」的人，永遠比願意付出心力，全力實踐「說到做到」責任的人，多出很多。獵才商模是為高成長動機、高績效成果、高發展企圖的人才，提供職涯發展的快速道路。

高挑戰是常態，你必須給自己更高的標準

沒有人喜歡被要求，上班族很討厭主管嘮嘮叨叨、管東管西，想要避免這樣的情境，最好的方法就是「把自己管理好」，以身作則，訂出更高的標準，讓主管尊敬你，而不是擔心你。

在工作中，經常遇見值得敬重的部屬，他們擁有正向的態度、為工作及目標努力竭盡心力，在挫折與壓力中持續奮鬥。支持他們努力前行的，絕對不是應付、討好主管的表面功夫，而是一顆「永不服輸」「屢敗屢戰」的精神與態度。

快速淘汰是職場必然趨勢，沒有人欠你一份工作

組織是一個複雜分工的有機體，因此，上班族朋友必須快速融入團隊中，才能成為有效的戰力，而不是豬隊友。

沒有人欠你一份工作，你必須抱持「使命必達」「背水一戰」的決心。

堅強面對變局，事情永遠難以預料

人生與職場充滿無法預期的變數，凡事總難盡如人意。因

此，才有許多職場中反敗為勝的經典事例，激勵著無數遭遇挫敗的上班族「永不放棄」「化危機為轉機」。

鴻海戰將謝冠宏，2012年10月因為請假搭機前往日本，無法返回公司開會而被公司開除；在沉澱自省後，他將挫折化為動力，創立了耳機的自有品牌——萬魔聲學。

我們面對的是一個不公平的環境，如果凡事都用合理與公義來衡量職場的現象，很難找到平衡點。任何事，只要站在不同的角度，就會有不同的解讀與評價，只有堅強的心可以對抗已知及未知的變數與挫折。

在被時間追著跑的世界裡，唯有認清職場的實際面貌，才能為每一次的轉職，找到更高的自信與價值。

5項轉職認知，希望能幫助你讓你的競爭力爆表，也能讓你躋身職場前段班。

8-3 主管大風吹，先思考7件事

根據104獵才「2023經理人動向大調查」的資料顯示，近七成主管有意轉換工作舞台，而在農曆年轉職潮已具體投入行動的有20%。

同時，超過七成的經理人為了培養不同專業、獲取更高薪資及布局第二職涯，準備跨出既有的舒適圈，積極爭取跨界（不同產業、不同職務）發展。

產業競爭力重新洗牌，「主管大風吹」的現象已在人力市場鳴槍起跑。相較於一般上班族而言，企業主管轉換跑道更為審慎，除了工作內容之外，產業前景、企業文化及與老闆的溝通共識，都是評估的重點。

為了確保能夠成功轉職，下列7點提供參考。

清楚轉職的動機與目的

企業主管具備強烈的工作企圖與成就動機，一旦現職無法施展長才，就會萌生去意。

主管轉換跑道，除了薪水之外，企業的前景及自我的職涯發展，絕對是重要的考量因素。在變動與不確定的環境中，主管的危機意識更強。

因此，如果身為主管的你也蠢蠢欲動，準備轉換工作，事前務必做好審慎的評估。

人才優秀與否，是相對的，不是絕對的。

每位老闆心目中的優秀人才都不一樣，一位主管在甲公司可能備受肯定，到了乙公司可能一文不值。除了專業的技能之外，人格特質與個性也是關鍵因素。

一位總經理為了制衡各部門主管，喜好聘用個性權謀、生性好鬥的人選，因此生性誠信篤實、溫良恭儉讓的人才，就不符合這家公司的遴選標準。

另一家企業，徵才的第一要件就是誠信。所以只要人選有品德上的瑕疵或疑慮，一律不列入考慮。

更多企業主喜歡聽話的員工，有獨立看法或意見相左的人才，會被打入冷宮。

在獵才工作參與中高階人才職涯發展與轉職的過程中，經常可見企業主管與經營者之間的交相征戰與愛恨情仇。

企業聘用主管人才，相較於專業能力而言，更重要的是符合老闆的人格特質與行事風格。

因此，經由獵才顧問推薦的人才，如果未獲企業青睞，不代表你不優秀，只是還未遇上有緣分的伯樂。

「領得多」與「領得久」考驗轉職的抉擇與智慧

通膨高漲，也帶動了薪資上揚。據104獵才的觀察，轉換職涯的經理人，薪資成長了10%以上。此外，如果能為企業創造績效，企業主也不吝惜給予主管紅利及獎金。

然而，聰明有遠見的主管，在高薪的吸引下，必須考量「領得多」，還是「領得久」的議題。能找到相知相惜的東家，除了靠能力，也要靠際遇。

展現即戰力，吸引老闆目光

老闆為什麼要祭出高薪，找位高權重的主管，同時冒著空降人才衝擊組織文化的風險，主要的原因是「解決企業問題」或是「因應未來的發展」。

因此，新進主管要能展現關鍵技能與知識，協助企業轉型升級、創造績效，才能達到老闆的期望。

你具有即戰力？或是擁有帶槍投靠的資源？

盤點讓自己在轉職中「贏在起跑點」的優勢，若能切合企業的需求，獵才顧問與老闆自會用大紅花轎迎你入門。

授權與否，影響主管能力的發揮

一位企業家要找接班人，他在面試時告訴人選：「一定會充分授權給新任主管。」

然而，這位老闆的控制欲十分強烈，凡事都親力親為。嘴上承諾授權，實務卻做不到，讓新進主管綁手綁腳、難以施展長才。

主管要能發揮功能、承擔成敗責任，首先就是得到充分的信任與授權。

因此，進入新的組織之前，主管務必悉心打探老闆的管理風格，是否可獲取足夠的資源，讓自己全力以赴、一展長才。這也是獵才顧問引薦的人選，最關心的議題。

不能光說不練，戰功與績效見真章

老闆的兩個特質，一個是「重視績效」，一個是「性子急」。

這兩個元素加在一起，就是：「企業主的耐心有限，快速展現具體績效與成果，是主管的責任與義務」。透過獵才轉換職場的主管們，一定要有破斧沉舟的決心，竭盡全力、打拚戰績，才能在新公司建立威望與地位。

《Google超級用人學》(*Insights from Inside Google That Will Transform How You Live and Lead*)一書中，揭露好主管的8大特質，提供給大家參考：

- 扮演良師的角色
- 懂得授權，不會凡事一把抓
- 關心團隊成員的成功與個人福祉

- 高度講求實效，成果導向
- 善於溝通，願意傾聽、分享資訊
- 協助團隊成員規畫職涯發展
- 對團隊有明確願景與策略
- 具備技術專業能力，能提供建議給團隊

主管沒有試用期的保護傘

主管肩負部門營運的重責大任，到任後，無縫接軌是組織的要求與期待。稱職的主管會在到任前做足功課，並且於就職後，快速由既有的工作節奏中理出頭緒，同時藉由觀察與訪談，發掘問題與改善的方向。

身為主管人才，你要爭取的不是試用期的保護傘，而是證明企業找到你，是一個正確的選擇。企業對於新進人員訂有3個月的試用期，而獵才商模也有保證期的規範，但是，成熟的主管與上班族，從到職的第一天就要投入戰鬥、全力以赴。

主管轉職，先認清上述7件事。做好萬全的準備，才能步步為營、讓自己的職涯之路充滿契機。

8-4 轉職，請將眼光放遠一點

一位網路作家寫下一段發人深省的文章，大意是：

念小學時，有次體育課進行100公尺跑步練習，我不慎在終點前跌倒，老師把我喚到面前說：「我教了多年體育課程，每次小朋友練習跑步，總會有同學在終點線前跌跤。下次你跑步的時候，記得不要將目光停在100公尺的終點線，而要拉遠目標，放在終點後的大樹上，就能順利衝過終點。」

原來，做任何事情，都要看遠一點，把目標訂高一些，才不會因為各項變數，讓成功擦身而過。

請試著用以下的幾個觀點，來思考轉職的議題。

攀岩式轉職思維

許多人挑戰攀岩運動，選手們在陡削的崖壁直行而上，每前進一步，必定會觀察未來的行進動線，同時布局可行的落腳點。在他們心中，已經描繪一幅登頂的路線圖，這條路徑可能蜿蜒曲折、可能路轉峰迴，但是終能引領他們戰勝天險、成功登頂。

與獵才顧問合作轉職，也像一場職涯的攀岩運動，必須慎思外在環境的變化及自我的優勢與劣勢，規畫一條轉職的計畫藍圖，才不會盲目異動、隨波逐流，最終導致跌落職涯山谷，落得難以翻身的下場。

挑難的事做

人是習慣的奴隸，多數人不喜歡改變。上班族也是如此，工作愈久，可塑性愈低，更不願意挑戰新的任務與做法，這也是組織無法前進的重要癥結。

大家都知道做困難的事，能讓自己無可取代，像業務、研發與生產製造人才，都是企業不可或缺、極力延攬的對象，也是獵才顧問接獲最多委辦的職缺。

不斷迎戰困難的工作，才能成為職場的常勝軍。

繞個彎，更圓滿

數學公式告訴我們，兩點之間最短的距離是直線，而職場並非如此。有兩句話可以與上班族夥伴共勉：「別怕輸在起點、贏在終點最重要。」「人生就像馬拉松、未到終點，勝負未定。」

職場中難免因為無法預期的人、事、物，影響了職涯的發展，但是在轉職的過程中，繞個彎可能遇見更璀燦的桃花源。

機會靠自己創造，有勇氣跳出舒適圈

享譽國際的刑事鑑識專家李昌鈺博士，歷經生活與學習的挑戰，在美國以4年半時間完成學士、碩士及博士學位，他一生的信念是「把不可能變可能」。李昌鈺說：「在你的心中擁有知識，在你的身體裡擁有勇氣。」（Have knowledge in your mind, have courage in your body.）不斷累積、運用知識和智慧，搭上你該搭的車，想做的事情就有機會成功。

有一位大型金控公司的資深上班族，大學畢業就進入知名金融企業服務，12年來不斷輪調、歷練各部門的工作，但一直與主管職擦身而過。他找上獵才顧問探詢跳槽的可行性，經過彼此的理性研討，一致同意爭取外商投資機構高階主管的職務。

事情進展得非常順利，新東家十分滿意人選的財務與投資專業，也給出極具競爭力的薪酬及職銜；然而，人選卻在最後一刻，放棄了挑戰。這臨門的一腳，卡在他沒有足夠的勇氣，跨出現行公司的品牌光環及熟悉的工作圈。

類似的案例我看過很多，許多人會後悔沒能邁出這一步，始終守著「食之無味、棄之可惜」的小天井。

創造成功的故事

鴻海董事長郭台銘是一位成功的企業家，他曾經說過一段詮釋職涯發展的名言：「為錢做事容易累，為理想做事能夠耐風寒，為興趣做事則永不懈怠。」

在轉職的過程中，必須向著自己的志趣前進。如果每次轉換工作，都能拉近與目標的距離，讓自己的熱情與企圖心加溫，就能創造成功的故事，提昇自我的職場優勢。

在轉職的抉擇中，期許每位上班族都能從跌跌撞撞、摸著石頭過河的懵懂過程，進入有自信、有目標、有企圖的計畫性轉職階段。將眼光與思維放得遠一些，一步步朝著理想前進，這樣的轉職規畫，一定能在每次的工作異動，為自己帶來更大的成長與契機。

而專業獵才顧問所提供的資訊與服務，將能為你的職涯歷程增添無限可能的機會。

Part 4

展望篇

CHAPTER

9 獵才商模的未來發展

企業量身訂做找人才，中高階主管透過經紀人布局職涯發展的現象，隨著「人才稀缺」「企業競爭人才」「人才國際化」的趨勢，推動獵才版圖不斷擴大。

以下從企業、人才、獵才組織、獵才顧問等4個面向，分享個人對獵才商模未來發展的淺見。

1. 企業面：

- 人才稀缺的時代，獵才商模成為企業倚重的重要攬才管道。
- 企業「互搶才」效應，獵才對象從中高階主管，延伸到年輕的關鍵人才。
- 企業轉型升級，跨界人才炙手可熱，獵才模式，可以協助企業聘雇多元人才。
- 藉由獵才服務，能夠提昇企業重視人才的觀念與行為。
- 獵才以市場標準衡量人選的身價，有助於薪酬的合理化與競爭力。

2. 人才面：

- 人人都有職涯經紀人的時代來臨，獵才顧問的服務將會普及。
- 獵才服務能促進人才培養專業及精進績效的動力，並塑造個人品牌。
- 跨界發展是主流，獵才顧問協助人才創造多元職涯。

3. 獵才公司：

- 獵才組織未來的競爭，是顧問（專業）＋系統（科技）的競賽。
- 以到職為終點的獵才服務，將拓展人才到職後的服務商機。
- 獵才服務串接學習、人脈、訓練、職涯成長等人力資源商模整合。
- 獵才組織需發揮業務、行銷、客服、管理、系統、資安、社群的整合戰力，才能提昇競爭力。
- 強化「顧問力」「人才力」與「服務力」，提昇獵才服務的價值。

4. 獵才顧問：

- 企業需求人才規格高，獵才顧問的工作挑戰愈來愈嚴峻。

- 面對企業的獵才挑戰，獵才顧問的專業知識、本質學能需與時俱進。
- 人脈連結＋人脈建立＝線上與線下整合的工作模式。

《哈利波特》（*Harry Potter*）的作者羅琳（J.K.Rowling）說：「是我們所做的選擇，而不是我們的能力，證明了我們是誰。」

經濟局勢與人才供需瞬息萬變，改革的策略選擇，必須建立在對市場的了解之上，而不是基於自己過去的經驗。

讓我們敞開心胸，仔細觀察體會招募市場的脈動，調整精進獵才商模，參考《雙軌轉型》（*Dual Transformation*）一書中所提出的「重新定位、思維升級、流程創新」三個方向，創造獵才的嶄新服務與境界。

CHAPTER
10 獵才的本質是幫助與服務

台灣獵才商模的發展，在企業、人才及獵才同業與顧問的努力下，已漸趨成熟，各行各業運用多元管道招募不同人才的觀念普遍獲得認同。在以專業經理人為企業經營骨幹的商業社會中，獵才顧問扮演雇主及人才之間穿針引線的關鍵角色，在促進人力資源活絡及發展上居功厥偉。

然而，東方企業以「家族成員」為組織核心及「成本導向」的經營理念，企業主的攬才、留才觀念與做法，仍有很大的成長空間。

此外，許多人資主管及企業經營者批評獵才顧問不夠專業，在產業知識、識人能力或溝通表達、服務精神等方面都有待加強。獵才產業如何提昇人員素質及教育訓練、優化作業流程，攸關獵才商模的未來發展。

104獵才延攬具備10年產業經驗的人才加入團隊，同時以顧問專業來進行產業分工，就是要打造符合企業及人才需求的專業獵才服務。我在帶領獵才團隊的過程中，期待同仁將「企業及人選的權益」擺在最優先的位置，致力滿足企業找「對」人，人才找「對」舞台的初衷。

由於顧問都背負業績的壓力，同時，許多從業人員也是以賺取高薪及獎金而進入這個行業，因此，如何將「服務力」「幫助力」融入獵才顧問的DNA，打造符合人力資源發展的獵才商模，是104獵才不斷努力的方向。

獵才顧問必須謹守作業SOP，同時以誠信、專業來形塑工作價值。顧問展現品質與素養，才能讓客戶與人選感受到104獵才的用心與熱忱。

做好獵才工作，除了具備知識與技能，還要有真誠、友善與幫助的熱忱。

「值得尊敬的，不是你做什麼，而是把什麼做到值得尊敬。」「善良，是一座可以走進彼此的橋。」這句話能夠精準詮釋獵才工作的內涵。

不要等到下一份工作，才全力以赴

不論是獵才引薦的人選或是獵才顧問本身，在投入工作的過程中，都必須面對未知的挑戰。如果工作不如預期，就會油然而生「不如歸去、轉換跑道」的念頭。

多數人沒有付諸行動，但是，「期待下一份工作會更好」的想法，不斷干擾及動搖眼前工作投入的動力與意志。

關於上述現象的逆向思維，我舉一個在《天下雜誌》讀到的故事，與大家分享：

ChatGPT吸引全球目光的同時，微軟執行長納德拉（Satya Nadella）也成為媒體吹捧的對象，因為決定投資OpenAI的這步棋，讓微軟重新在人工智慧的新興科技彎道超車、揚名立萬。

有人請納德拉提供職場建言，他說：「不要等到下一份工作，才全力以赴。」

對比在職場中浮浮沉沉的上班族而言，騎驢找馬的心態所展現的工作態度，可能是「朝九晚五」，或是「當一天和尚、敲一天鐘」的消極作為。

「不要等到下一份工作，才全力以赴」，是對自己負責任的表現；而環境的障礙與阻力，恰好是磨練韌性與心志的試金石。

納德拉說：「當你不認為當前的工作任務能帶給你成長，你就真的不會變強。」

賈伯斯說：「工作是人生的一大部分，唯一獲得真正滿足的方法，就是做你相信是最偉大的工作；而唯一做偉大工作的方法，就是愛上你所做的事。如果你還沒找到，繼續追尋，不要將就。」

期許所有獵才顧問及與獵才合作轉職的卓越人才，都能在職涯中找到願意無怨無悔付出的理想與真愛。

國家圖書館出版品預行編目 (CIP) 資料

獵頭解密：企業 x 上班族 x 獵才顧問，人力銀行獵才專家教
　你跳脫傳統求才 / 求職思維的 10 大實戰密技 / 晉麗明著 .
-- 初版 . -- 臺北市 : 今周刊出版社股份有限公司 , 2024.01
288 面 ;14.8 × 21 公分 . --（Unique ; 65）

ISBN 978-626-7266-54-0（平裝）

1.CST: 人力資源管理 2.CST: 人力仲介

494.3　　　　112020399

Unique 65

獵頭解密

企業 × 上班族 × 獵才顧問，
人力銀行獵才專家教你跳脫傳統求才 / 求職思維的 10 大實戰密技

作　　者　晉麗明
總 編 輯　許訓彰
資深主編　李志威
校　　對　許訓彰、吳昕儒
封面設計　賴維明 @ 雨城藍設計
內文排版　薛美惠

行銷經理　胡弘一
企畫主任　朱安棋
行銷企畫　林律涵、林苡蓁
印　　務　詹夏深

出 版 者　今周刊出版社股份有限公司
發 行 人　梁永煌
社　　長　謝春滿

地　　址　台北市中山區南京東路一段 96 號 8 樓
電　　話　886-2-2581-6196
傳　　真　886-2-2531-6438
讀者專線　886-2-2581-6196 轉 1
劃撥帳號　19865054
戶　　名　今周刊出版社股份有限公司
網　　址　http://www.businesstoday.com.tw

總 經 銷　大和書報股份有限公司
製版印刷　緯峰印刷股份有限公司
初版一刷　2024 年 1 月
定　　價　380 元
